うちのトイプーがアイドルすぎる。

道雪葵

uchi no toypoo ga
idol sugiru.
aoi michiyuki presents

プロローグ

私の動物嫌いの歴史は長い
ほら 葵《あおい》ちゃん ひよこさんだよ 抱っこしてごらん
ひィイイイ
ピヨォ
オオ
めちゃくちゃ暴れる…!!
先生ぇ——っ 早くひよことって!!
うわぁ
ああ
地獄の移動動物園
大丈夫だから ダイジョ…
落としちゃうからぁあああ!!

ひよこさん
こんなに
可愛いのにね
ピヨ
ピヨ
ねー
ピヨ
そんなこと言われても
苦手なものは苦手
なのである
動物は匂いも
独特だし
噛むし
突《つっ》くし
いま降ろすから！
ピヨオオオ
話が通じない
年を追うごとに
トラウマは
増えていき
学校で飼ってた
うさぎが
野良犬に
殺される
ギャー
犬にかまれる
絶対に
動物は飼わないと
誓っていたが
ギャヷ
リードのない
犬に追い
まわされる
ギャワワワーンッ
18歳の春
1匹のこげ茶の
トイプードルが
我が家にやってきた

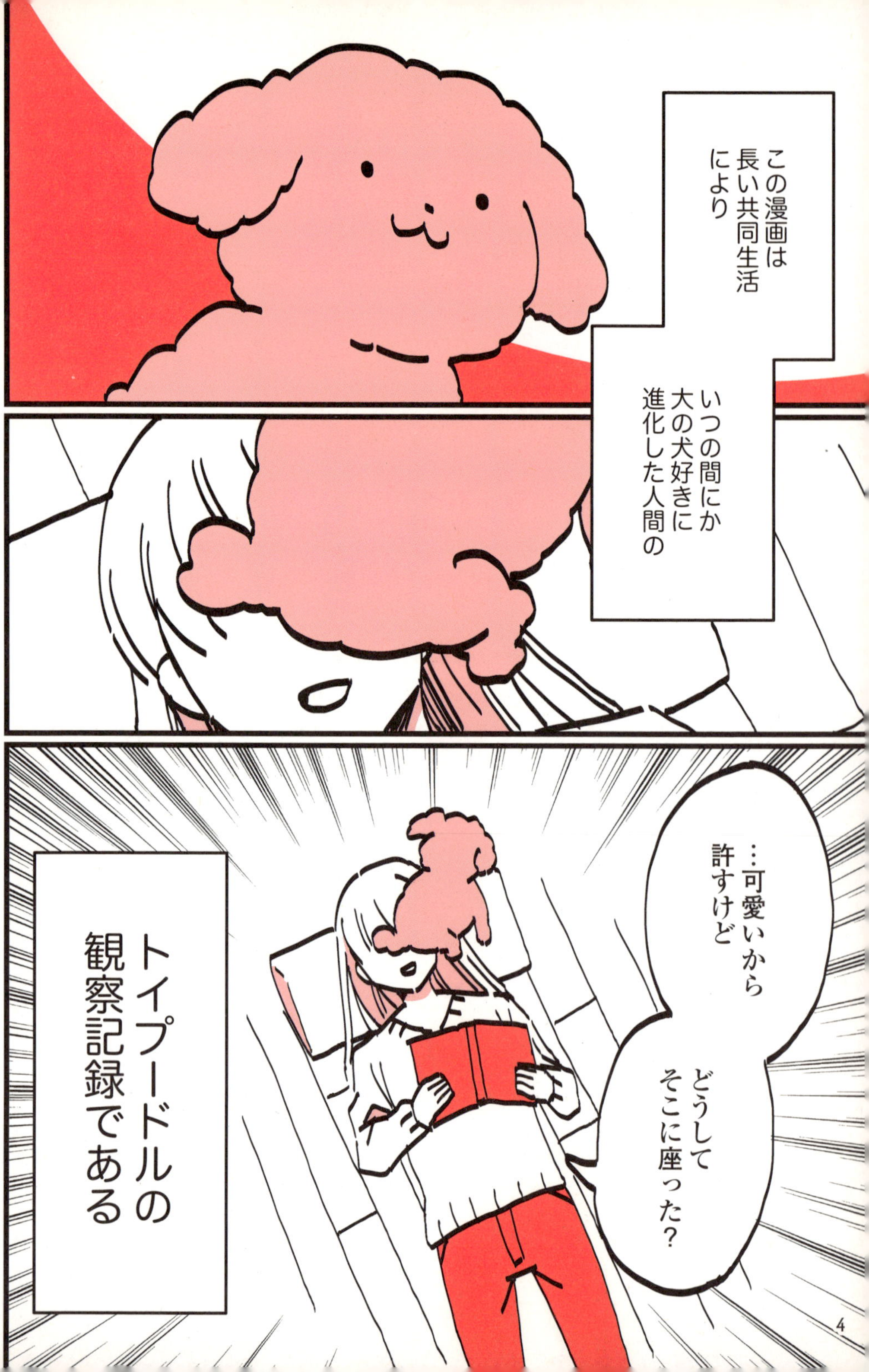
この漫画は長い共同生活により
いつの間にか大の犬好きに進化した人間の
…可愛いから許すけど
どうしてそこに座った？
トイプードルの観察記録である

michiyuki family

登 場 人 物 紹 介

クーさん

12年前に
道《みち》雪《ゆき》家にきた
トイプードル(♂)。

わたし

この本の作者。
もともと動物が大の苦手だったが
クーさんとの出会いによって
動物好きに。

妹

わたしの10歳年下。
お調子者の
明るい性格。

お母さん

クーさんにメロメロ。
彼を長男だと
思っている。

お父さん

道雪家のリーダー。
クーさんも群れのボスと
認識している。

contents

もくじ

プロローグ …… 2
登場人物紹介 …… 5

chapter:1 トイプーは一生のともだち。

夏とトイプー …… 10
トイプーは一生のともだち …… 14
目覚ましトイプー …… 16
トイプーと忍術 …… 20
トイプーとドッグラン …… 24
トイプー立つ問題 …… 28
トイプーと魔性の女 …… 32

chapter:2 うちのトイプーがあざとすぎる。

トイプーとヤンキーのお兄さん …… 38
トイプーと小学生 …… 42
トイプーとおじいさん …… 46
トイプー、ラムネに負ける …… 50
トイプーのお部屋訪問 …… 54
トイプーとMステ …… 58
撫でてほしいトイプー …… 62
トイプーとうさちゃん …… 66
トイプーとおやつ …… 70

chapter:3 トイプーは家族の一員。

トイプーと寒さ …… 76
トイプーとかくれんぼ …… 80
トイプーと車 …… 84
トイプーとトリミング …… 88
トイプー、喋る …… 92
トイプーと抜け殻 …… 96
トイプーと大きな妹 …… 100
トイプーの母ロス …… 104

描き下ろし

トイプーとの出会い …… 109

エピローグ …… 136
あとがき …… 140

uchi no
toypoo ga
idol sugiru.

aoi michiyuki presents

クーさん成長図
色が薄くなってる……!?
老年期
青年期～熟年期
幼年期

chapter:1

トイプーは
一生の
ともだち。

toypoo ha

issyou no tomodachi.

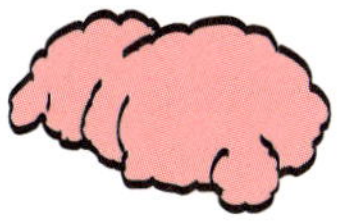

夏とトイプー
夏のどんなに暑い日でも
ピタァ
ミーン
ミンミーン
うちの犬は私にモコモコのお尻をつけてくる
暑苦しいことこの上ないが
どかさないのには理由がある

12年前
家族が連れ帰ってきたのは
可愛い顔をした
悪魔のような
仔犬だった
全く懐《なつ》かない
人間嫌いの犬と
ギャン
ギャワワ
ヴヴ
うるさい!!
犬嫌いの人間は
めちゃくちゃ
仲が悪かった
それでも
同居なので
仕方なく
少しずつお互いを
認めあってきた頃
ダッ
……
シャッ
……
無言のボール遊び
ピタッ
なんかお尻
くっつけてくる!
どけってこと!?
ああそれね
母

犬がお尻を くっつけて くるのはね
君を信頼して いるよって ことなんだって
チラッ
今年も めちゃくちゃ 暑いけど
そろそろ サマーカットに するかて
お尻をくっつけられ まくっている

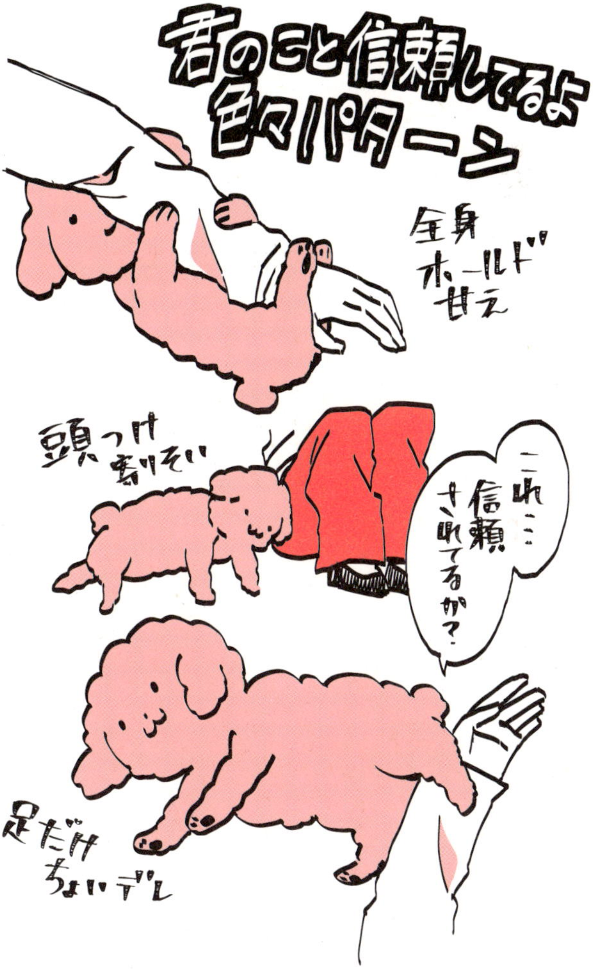
君のこと信頼してるよ
色々パターン
全身
ホールド
甘え
頭つけ
寄りそい
これ…
信頼
されてるか？
足だけ
ちょいデレ

トイプーは一生のともだち
犬を飼ってみて初めてわかったが
思ったより言いたいことがわかる
ちゃんっちゃんっ
はっ
すみません先輩！水がもうなかったですね⁉
おやつ買ってきたよ
あ 笑った
パァッ
表情が豊か
誤解を解くのが大変
違う！着替えたのはコンビニに行くためであって…！
ダダダダ
断じて散歩ではない！
シャシャシャシャシャーーッ
てかさっき行ったよね⁉

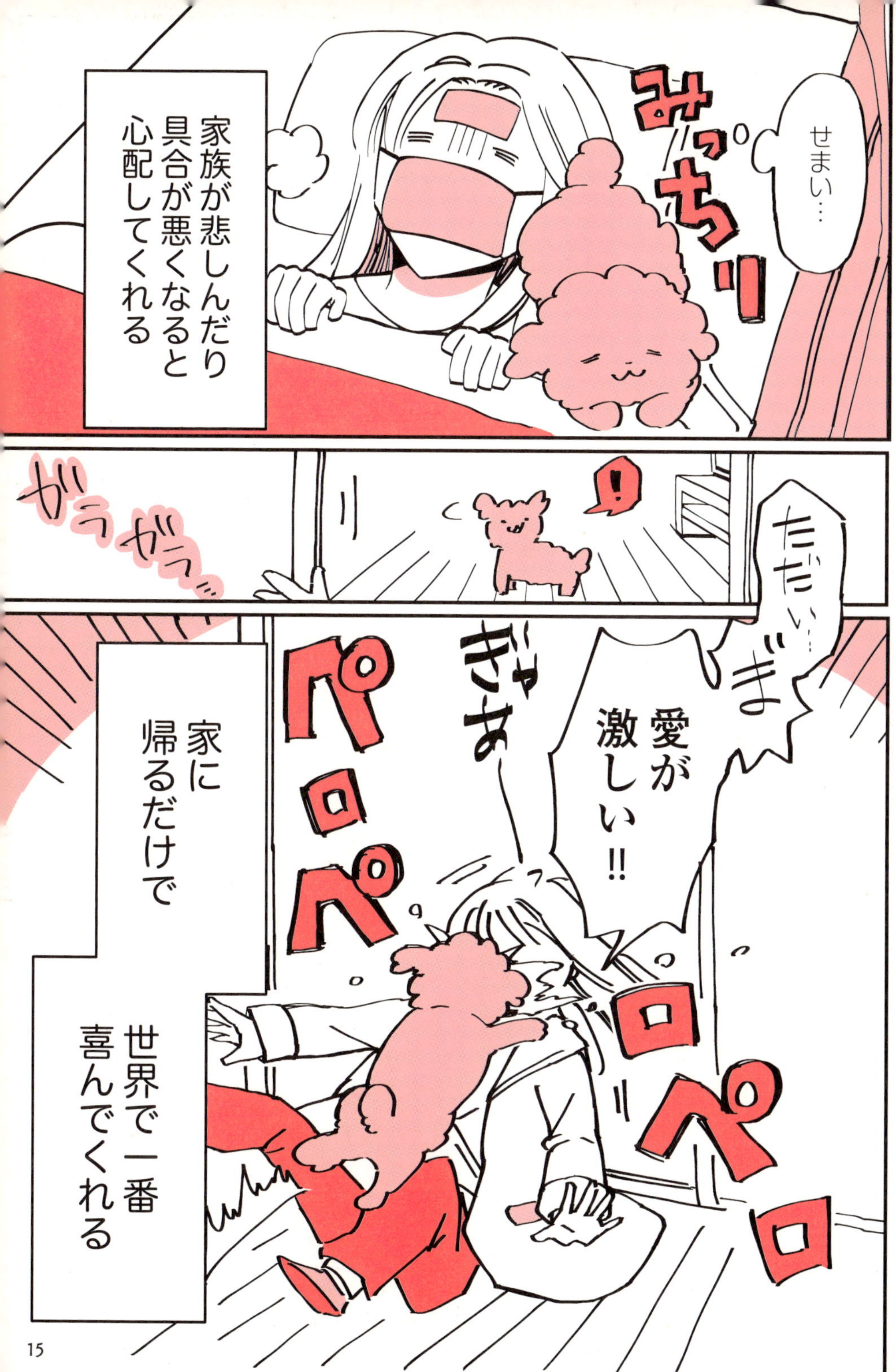
みっちり
せまい…
家族が悲しんだり
具合が悪くなると
心配してくれる
！
ただい…
がうがう…
ぎゃあ
愛が激しい!!
ペロペロ
ペロペロ
家に
帰るだけで
世界で一番
喜んでくれる

目覚ましトイプー
チチ
チュンチュン
道雪家の慌ただしい朝の時間
おはよー
コーヒー
はいはい
一人だけ起きてこない人物がいる
犬なりに不思議に思うのだろう
なぜ こいつだけ寝ているのかと
ぐー
チラッ
犬型目覚まし時計の発動である

明け方まで仕事してた
うーん…
わん！
おきろ！
クーさんかい
ハッ
だん
タタッ
そだ これのぼれるんだった
おー上手だね
いい子だねー
よーしよし
よーし

スヤァ
…
10分後
パチ
ミ
ムクッ
あきた
おかさん とこ行こ

はー
やれやれ
タッッ
ビー
タッッ
タッッ
タッ
タッ
ビー
タッ
タッ
タタタタタタタタ
ビー
キャオーン
ファて起きろよ!!
訳
この犬型目覚まし時計
スヌーズ機能つきである
タマンッ
うわっ⁉
ビクッ

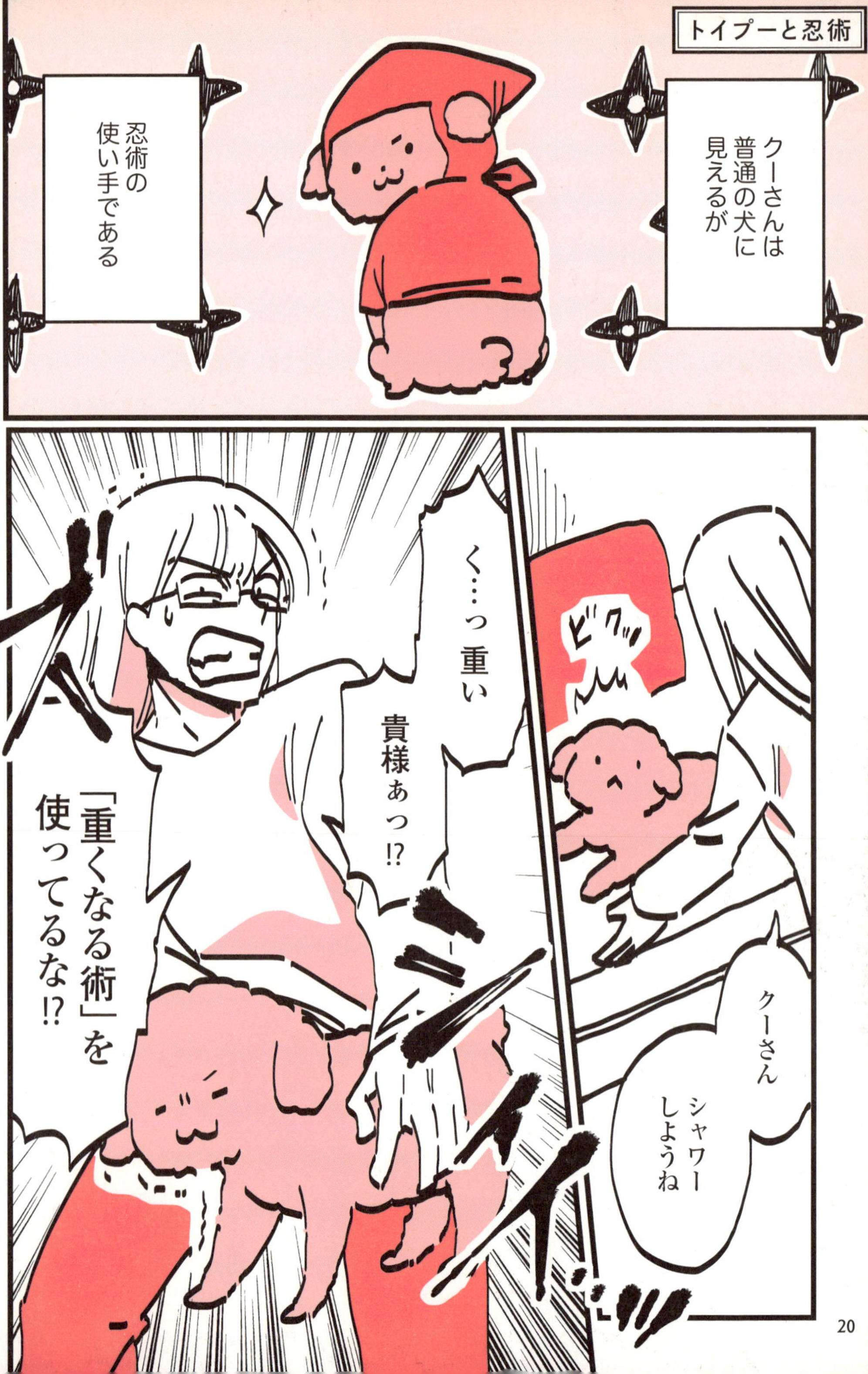
トイプーと忍術
クーさんは普通の犬に見えるが
忍術の使い手である
クーさん シャワーしようね
ビクッ
く…っ重い
貴様ぁっ!?
「重くなる術」を使ってるな!?

説明しよう！
クーさんは全身の筋肉を使い下方向に力を込めることで
3キロの体重をより重く感じさせることができるのだ！
クゥオオオ
重い……ッ
運動不足の漫画家の腕にはきつい……っ
そんなに……っ
そんなにシャンプーが嫌いなのか!!
……
ハァ
ハァ
クーさん
お出かけしようか？

タンッ
わぁ
クーさんは軽いな
羽根がはえてるみたいだ
まあでも出かける先は…・
風呂場だけどなァ
母さんパス!
はいよ!
この忍犬
人間の卑怯な
騙《だま》し討《う》ちに弱い

昔と今

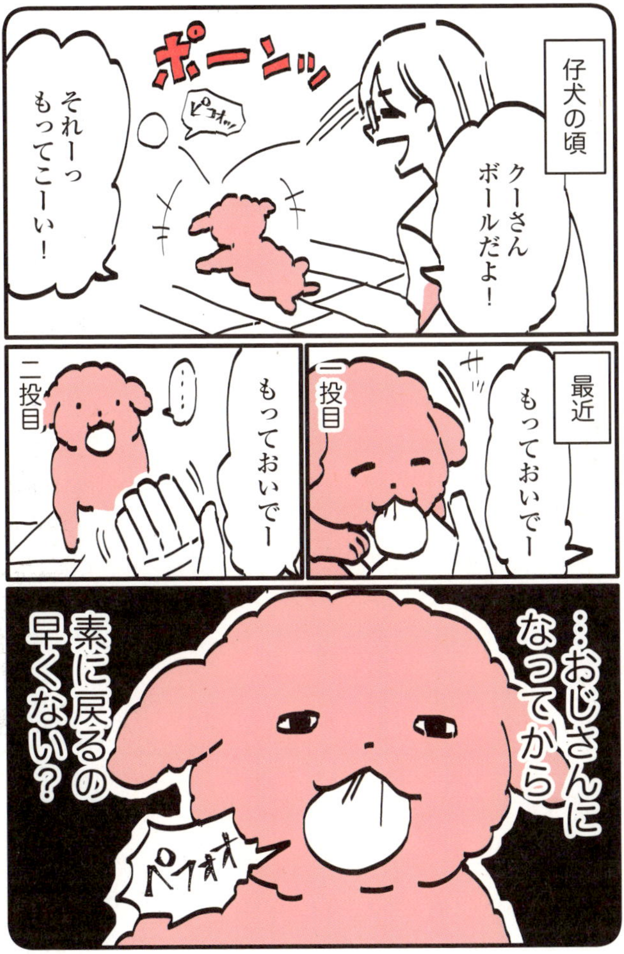
仔犬の頃
クーさん ボールだよ！
ポーンッッ
ピコォッ
それーっ もってこーい！
最近
もっておいでー
サッ
一投目
もっておいでー
…
二投目
…おじさんになってから
素に戻るの早くない？
ペィオオ

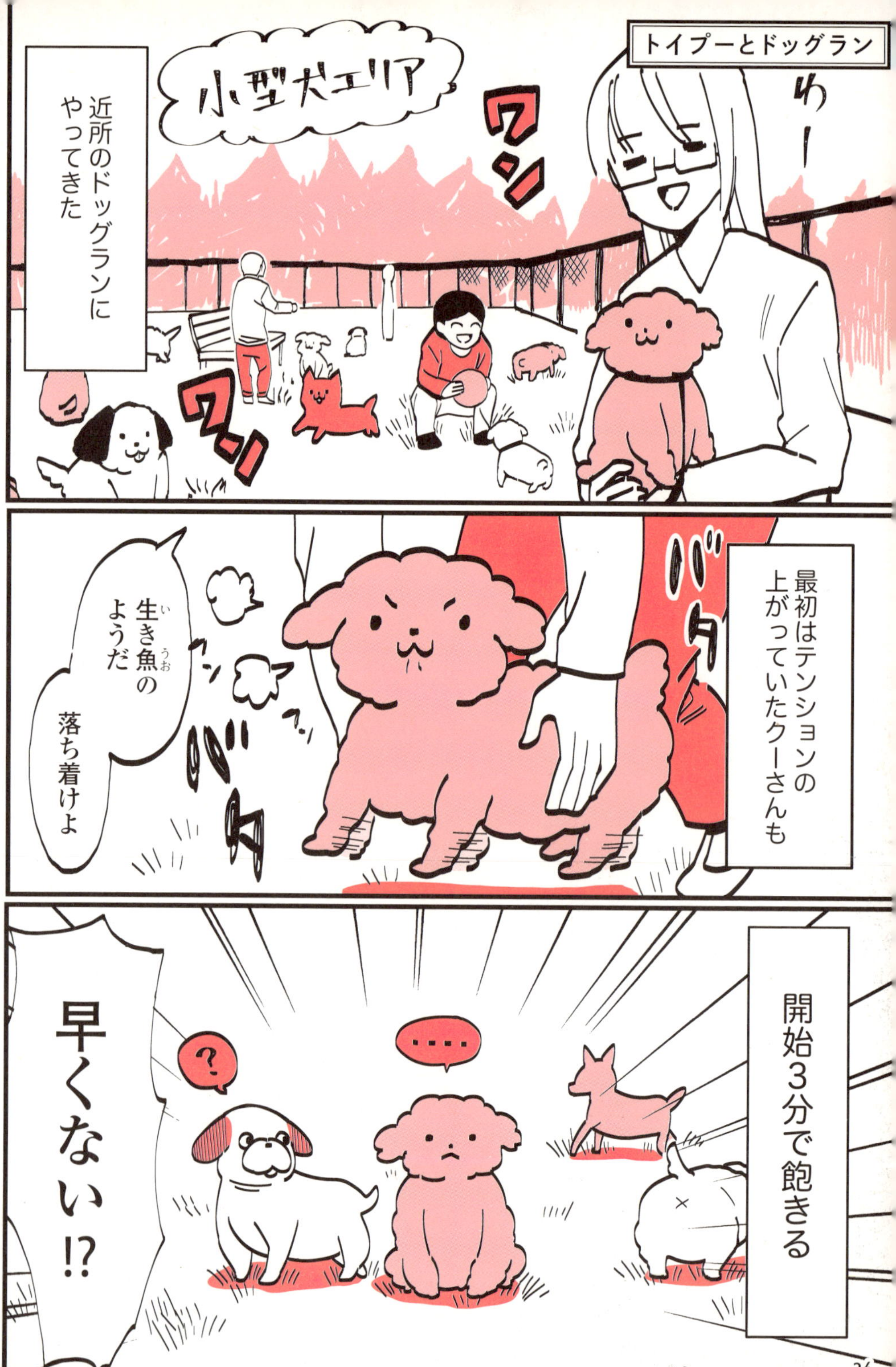
トイプーとドッグラン
わー
ワン
近所のドッグランにやってきた
小型犬エリア
ワン
バタ
最初はテンションの上がっていたクーさんも
バタ
生《い》き魚《うお》のようだ
落ち着けよ
開始3分で飽きる
....
?
早くない⁉

…
あいつ犬に対してはコミュ障だからな……
出版社パーティーの私かて、
モズッ
へっへっ
お なんだ君人懐こいなあ
ん?
よーしよ… あれ…?
すいすい
おま…っ
ダァアン!!!
自主規制
㊅済みの尻拭いてないやんけ!!
コーギーはお尻が丸見え

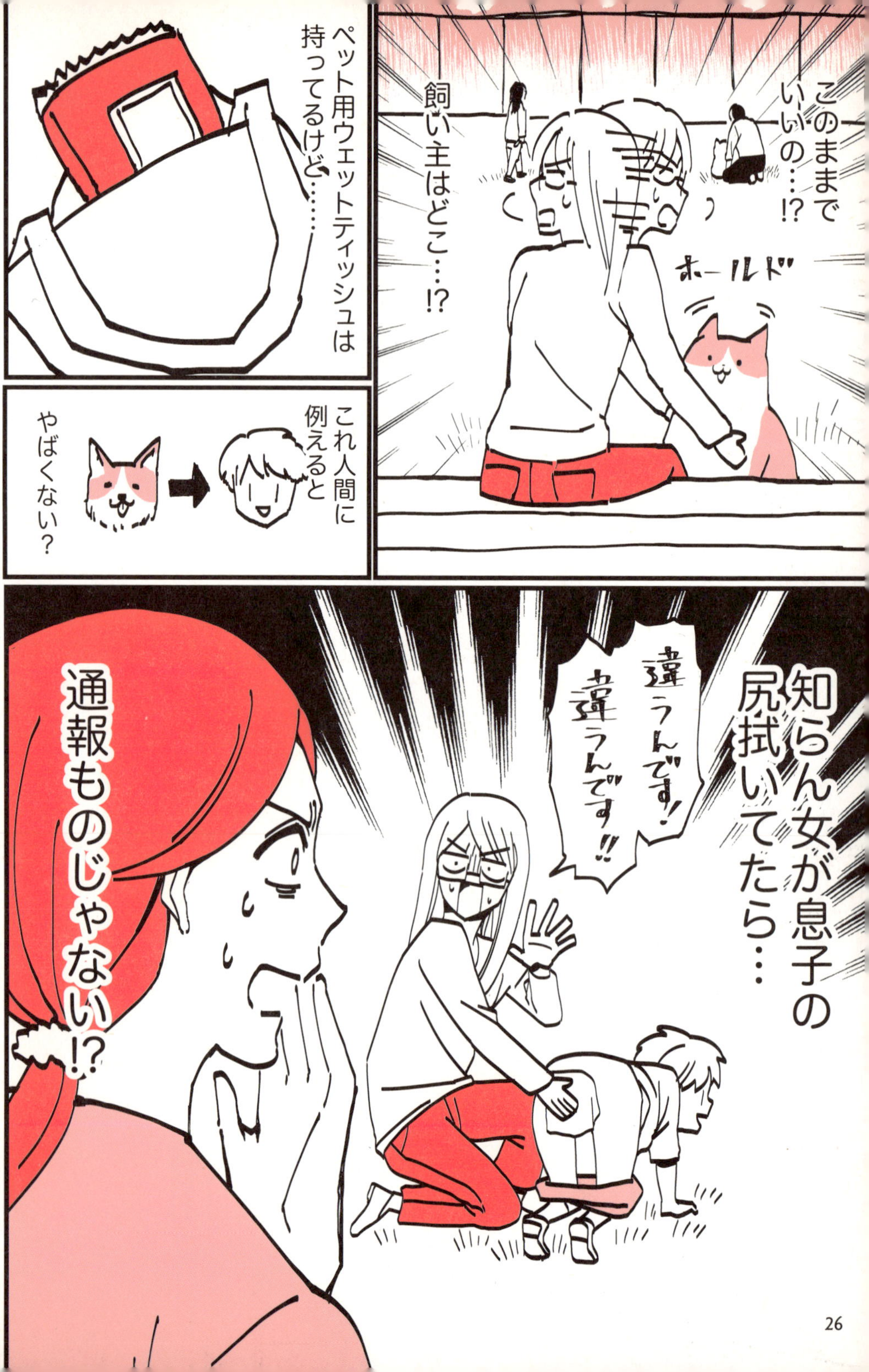
このままでいいの…!?
飼い主はどこ…!?
ホールド
ペット用ウェットティッシュは持ってるけど……
これ人間に例えると
やばくない?
知らん女が息子の尻拭いてたら…
違うんです! 違うんです!!
通報ものじゃない!?

よいしょ
ああっ
モスッ
あああああああ
ニコロロッ
いい天気ですねェ
ヘッ
靴は犠牲になったが
コーギーが可愛かったので幸せな午後になった
まだ固まってる

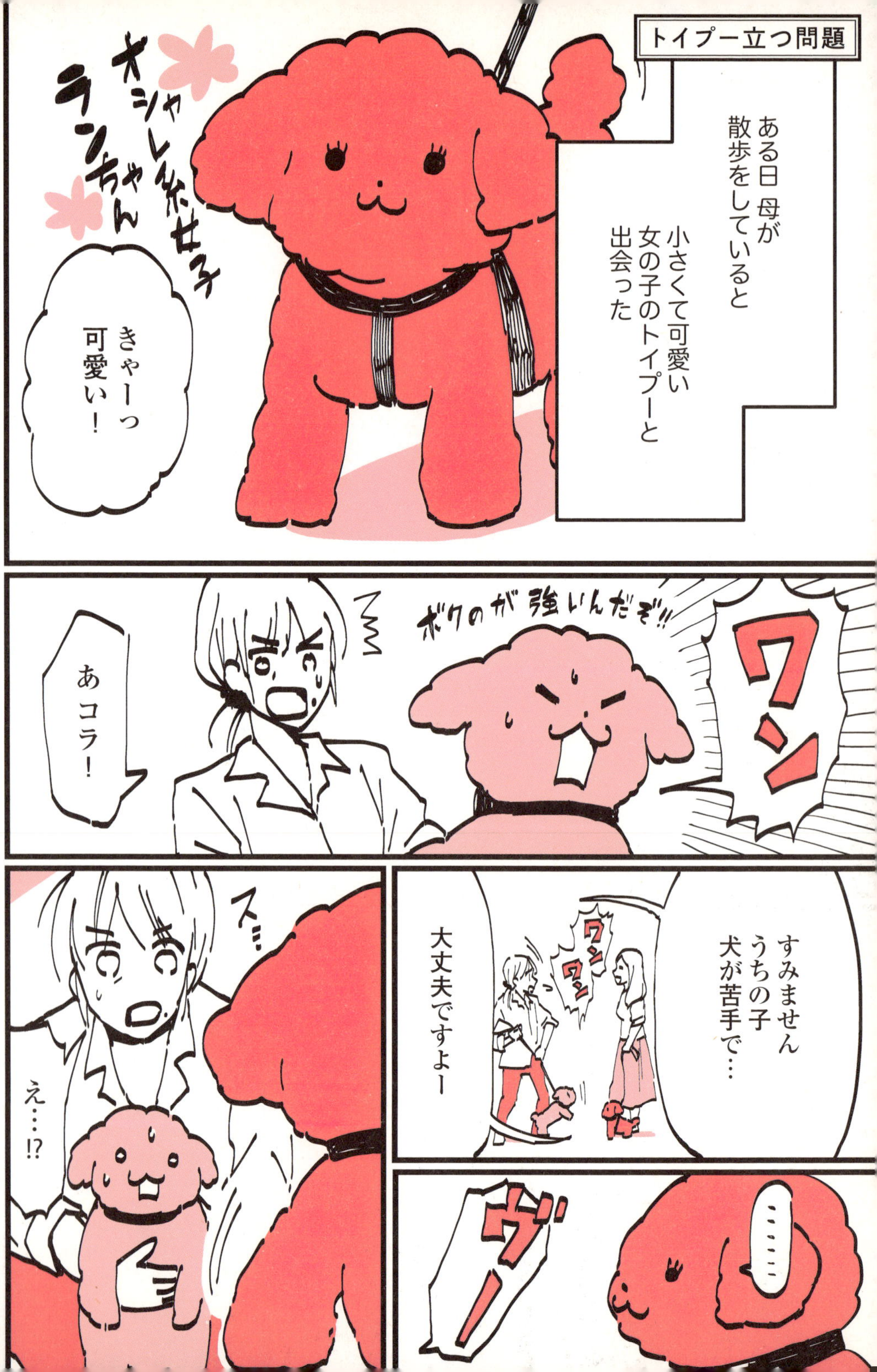
トイプー立つ問題
ある日 母が散歩をしていると
小さくて可愛い女の子のトイプーと出会った
オシャレ系女子ランちゃん
きゃーっ可愛い！
ワン
ボクのが強いんだぞ!!
あコラ！
すみません うちの子犬が苦手で…
ワン ワン
大丈夫ですよー
ヴ
……
ス…
え…⁉

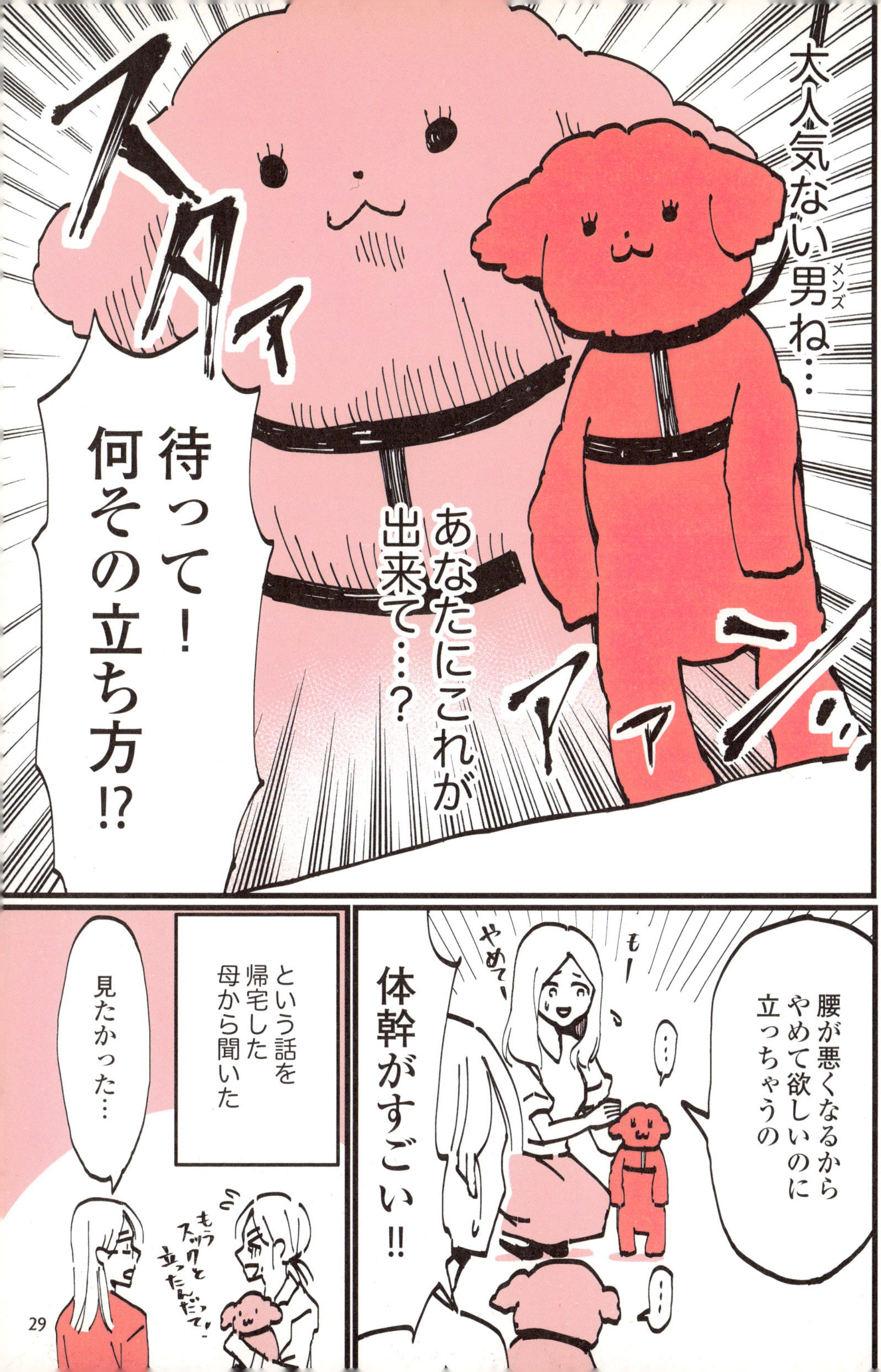
大人気ない男《メンズ》ね…
スタァ
あなたにこれが出来て…？
待って！何その立ち方!?
腰が悪くなるからやめて欲しいのに立っちゃうの
もー
…
やめて
体幹がすごい!!
…
という話を帰宅した母から聞いた
見たかった…
もうスックと立ったんだって！

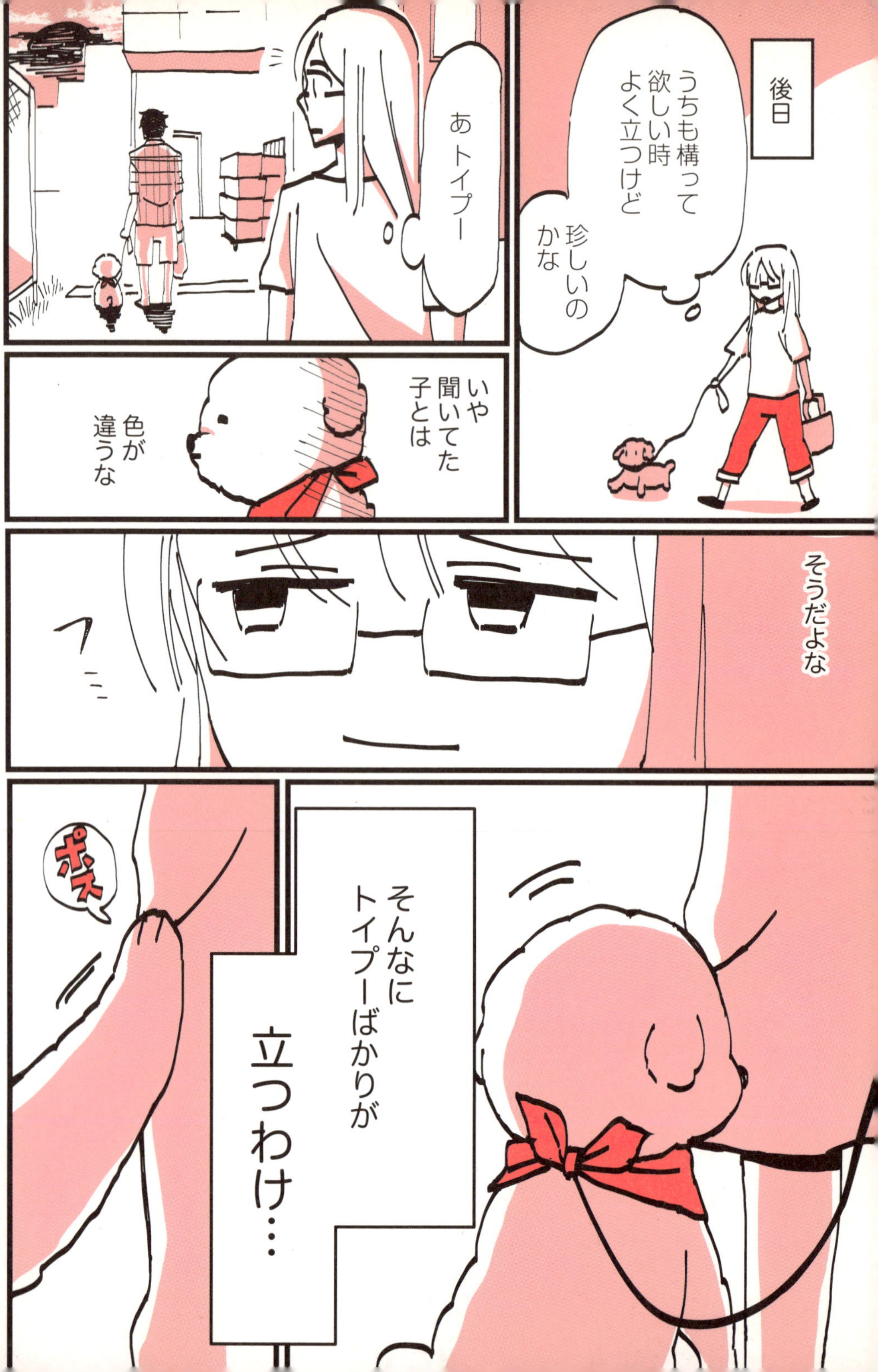
後日
うちも構って欲しい時よく立つけど
珍しいのかな
あトイプー
いや聞いてた子とは
色が違うな
そうだよな
そんなにトイプーばかりが
立つわけ……
ポス

夕日が綺麗だね
私の中で
トイプー立つ説が
急浮上している

トイプーと魔性の女
魔性の女とは
フェロモンで男を惹きつける罪深い女である
それは犬の世界でも存在するようで…
クーさん…!?
いつも人間の女にしか興味ないお前が…っ
ズキューーン
この子にだけめちゃくちゃメロメロになっている!!

クン
クン
ああっ
お尻の匂いまで素直に嗅がせている！
クン
しかもちょっとメスを意識した顔してるだと⁉
どうだオレの尻のニオイはー
お前のそんな顔見たくなかったわ…
彼女の名はモカ
モダンなお婆ちゃんに飼われているトイプーだが
そのフェロモンは町内に知れ渡り…
ええモカってあの…

ラムカットの女の子ですよね⁉
うちの子もモカに惚れているんですよ！
？
息子を取られた母みたいな顔しているな…！
うちのポメラニアンもですよー
うちの柴犬もモカちゃんに会うとしっぽを振りまくってます
すごいな…犬種問わずモテまくっている…
ザザッ
あのー
うちの犬もモカちゃんにぞっこんみたいで…
⁉
母

ゴールデン
レトリーバーまで!?
あはは
何のお話ですかぁ?
魔性の女
モカ
今日も彼女は
大型犬から
小型犬まで
あらゆるオスを
魅了している

サービス

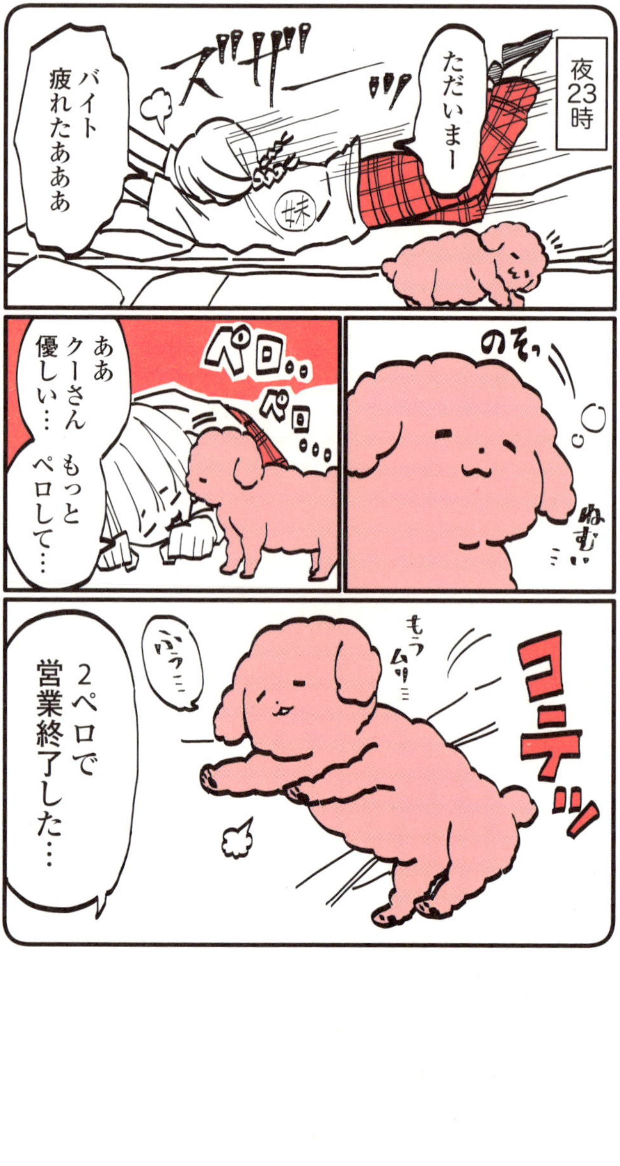

夜23時
ただいまー
ズザザーッ
バイト疲れたあああ
のそっ
ねむい
ペロ…
ペロ…
ああ クーさん 優しい… もっと ペロして…
コテッ
もうムリ
ふう
2ペロで営業終了した…

chapter: 2

うちの
トイプーが
あざとすぎる。

uchi no toypoo ga
azato sugiru.

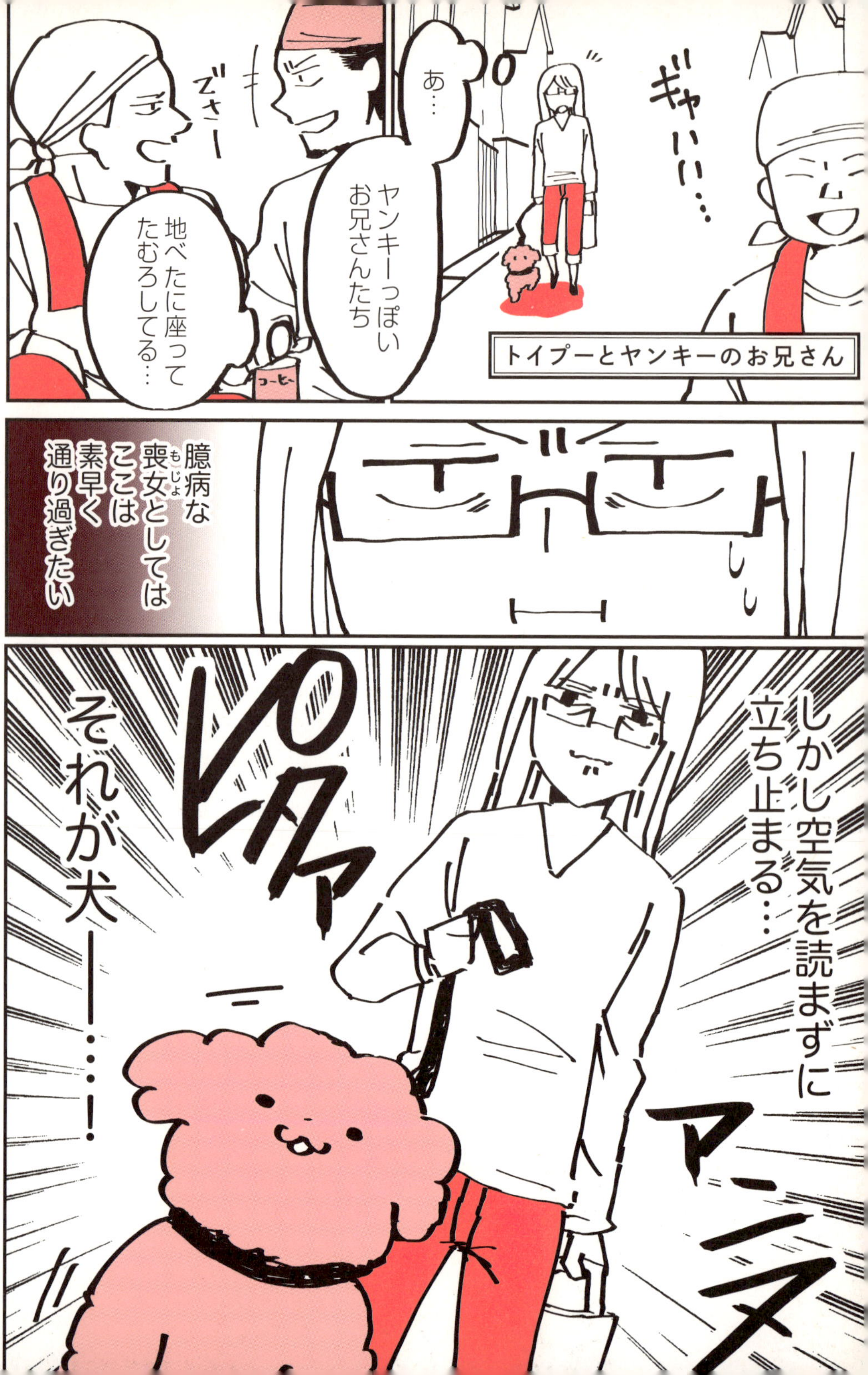
トイプーとヤンキーのお兄さん
ギャハハ…
あ…
ヤンキーっぽい
お兄さんたち
でさー
地べたに座って
たむろしてる…
コーヒー
臆病な
喪女《もじょ》としては
ここは素早く
通り過ぎたい
しかし空気を読まずに
立ち止まる…
ピタァ
それが犬ーーー…!

フン
何なの？ そこが匂うの？
フン
スック
そんなに本腰入れて調べるほど!?
ベテランの刑事か!!
よりによってあの人たちの目の前…！
ハァ
ハァ
早く行こうよ
フン
フン
おい…
あれ…

え…犬？
犬だよ
トイプードル
じゃん
ドドドドド
ド
プードルって
あんな可愛いのかよ？
…違くね？
ピクッ
は？
何がだよ
もうあれ
違うじゃん…
後ろ姿
子ぐまじゃん…
ドドドドド
ド
子ぐまのアレじゃん！
ぬいぐるみの…！
ふわふわの…
テディベアな
そうそれ！
あっ…!?

こっち見た!!
?
あいつ話聞いてたよ!
ズギュウウン
うwるwせwえwwww
自分が可愛いって知ってるよォオ!!
ペコ
ペコ
たぶん犬好きに悪い奴はいない…
そう思った
犬飼いてえぇ〜……
男は好きじゃない

トイプーと小学生
うちの犬は
自分が可愛いと知っている
きゃっ
きゃっ
キ
あ
アハハミ
小学生
スタンバイモードに入った…だと⁉
スッ…

キャー
カワイー
おりこうさんだねぇ
あざとい男よ…
このポーズをすれば女《おんな》子《こ》どもが構ってくれると覚えているのか…
ならば飼い主の私も
全力で応えよう
さあ来い!!
小学生!!

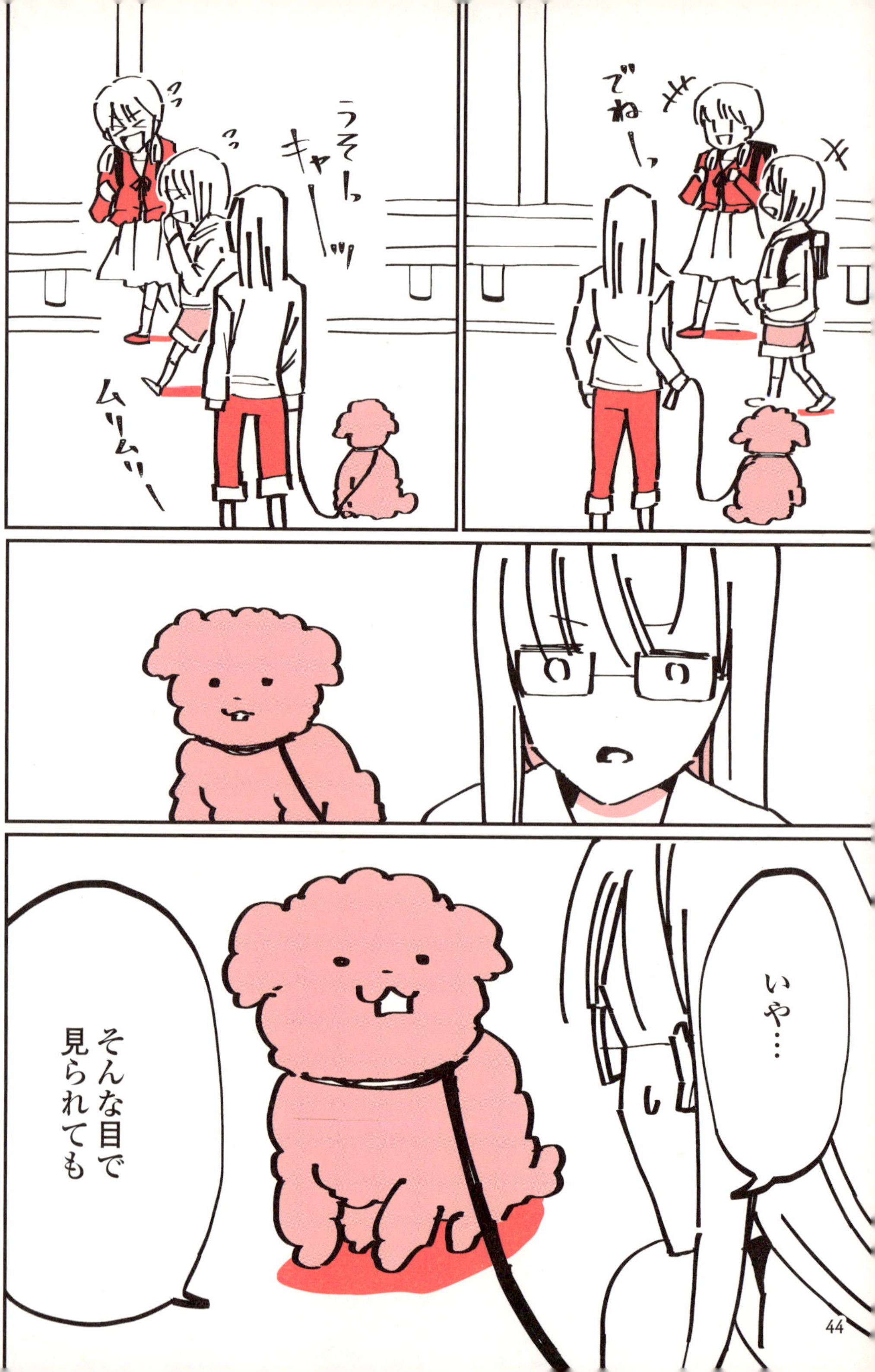
でねーっ
うそーっ
キャーッ
ムリームリー
いや…
そんな目で
見られても

かわいい
！
かわ
かわいい～
！
「かわいい」と
聞けば
自分のことだと
疑わずに
振り返る
クーさん

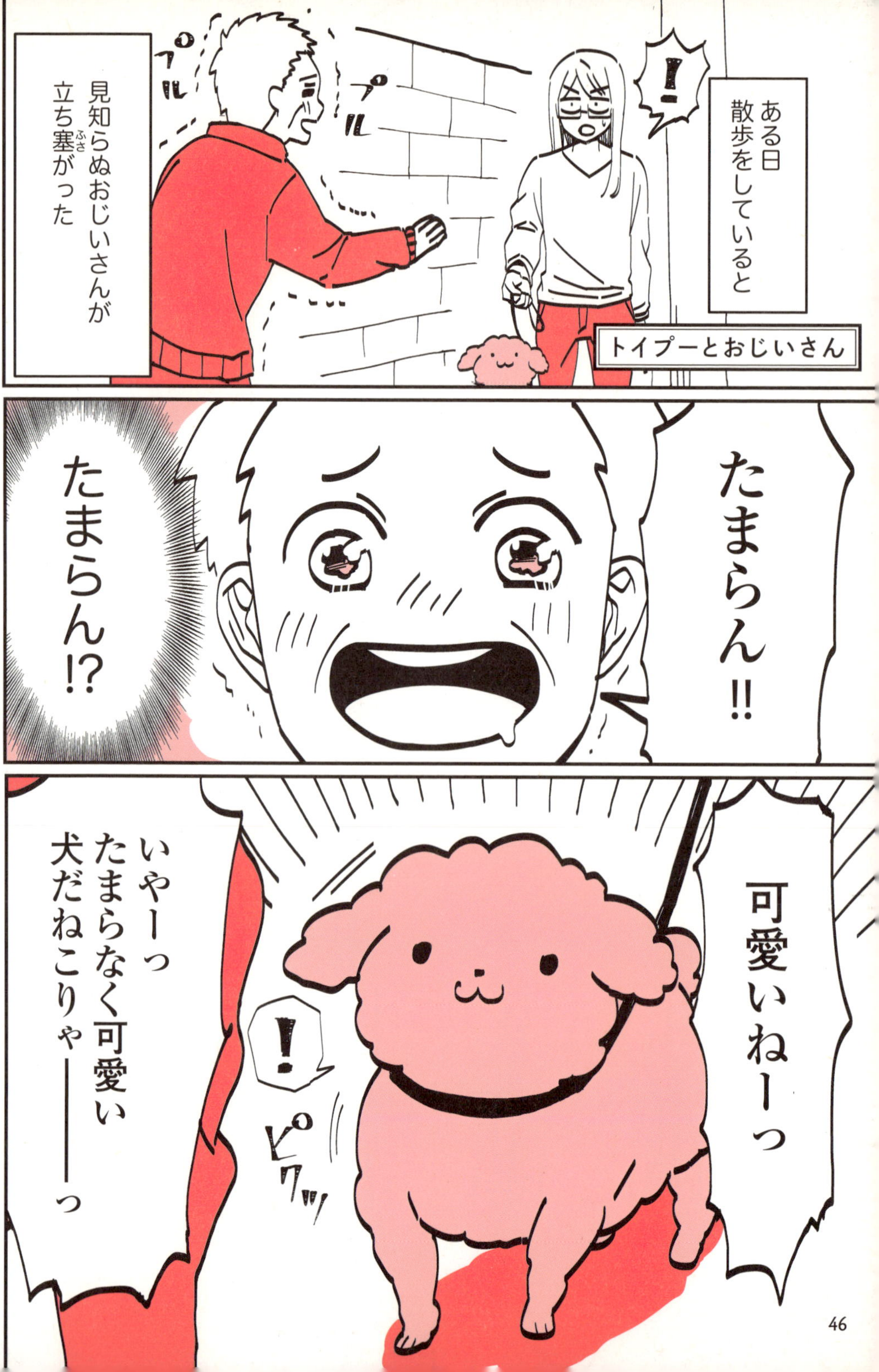
トイプーとおじいさん
ある日
散歩をしていると
!
プル
プル
見知らぬおじいさんが
立ち塞《ふさ》がった
たまらん!!
たまらん!?
可愛いねーっ
いやーっ
たまらなく可愛い
犬だねこりゃ———っ
!
ピクッ

お…っ
ひゃー…っ
男嫌いなくせに可愛さを見せつける動き…!?
小悪魔か!?
撫《な》でてもいいかな?
どうぞ
チラッ
いつも男の人には唸《うな》っちゃうんだけど…
このおじいさんは大丈夫…かな?
ビクッ
ス…

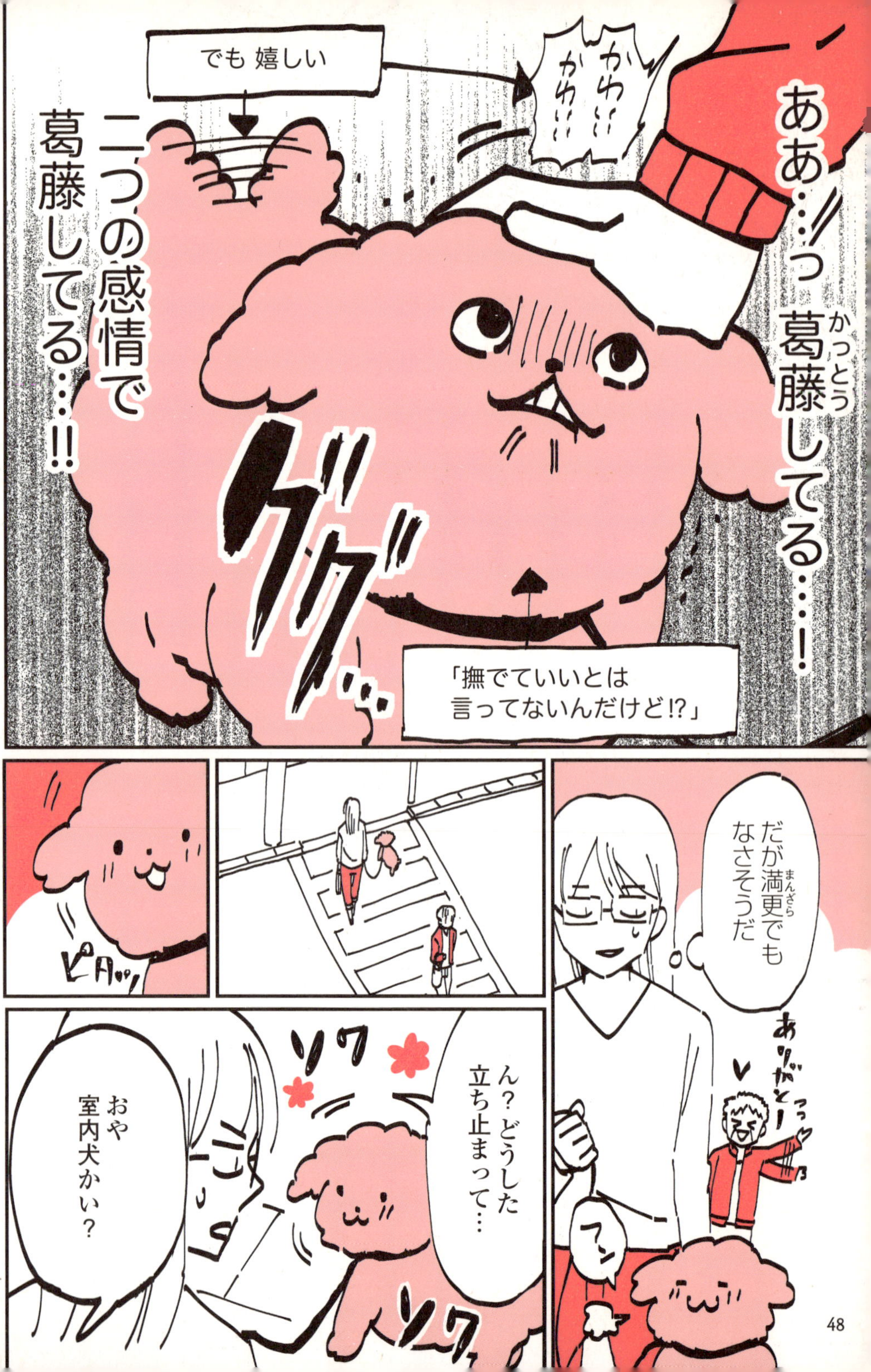
かわ…
かわ…
ああ…っ 葛藤《かっとう》してる…！
でも 嬉しい
二つの感情で
葛藤してる…!!
ググ…
「撫でていいとは
言ってないんだけど!?」
だが満更《まんざら》でも
なさそうだ
ありがとー！
フン
ピタッ
ん？どうした
立ち止まって…
ソワ
ソワ
おや
室内犬かい？

え…さっきのおじいさん!?
白髪の短髪
違う！似てるが色違いの他人だ!!
くすんだ色のジャージ
よし
よーし
そうか この見た目のおじいさんは
お触《さわ》り許可したんだな…
その後は人とすれ違うたびに「どうも僕です」という顔をしていた
チラチラ
アイドルか？

トイプー、ラムネに負ける
クーさんはアウトレットモールが大好きだ
なぜならここでおりこうにしていれば…
あーっ
ピクッ
かわいいー
わんちゃん！
子どもが撫でに寄って来てくれるからだ
触ってもいいですか？
どうぞー
ドキドキ

ジリーミッ
ビクッ
スクッ
サッ
ジリーミッ
スッ
…なかなか触らないな
ハッ
はやく
はやく
ハッ
わわんちゃん待っててくれているから
触るなら早く触りなさい！
よし いけ！
あと少し…っ

おかーさん
さっき買った
ラムネ食べたい
ピクッ
ラムネ!?
!?

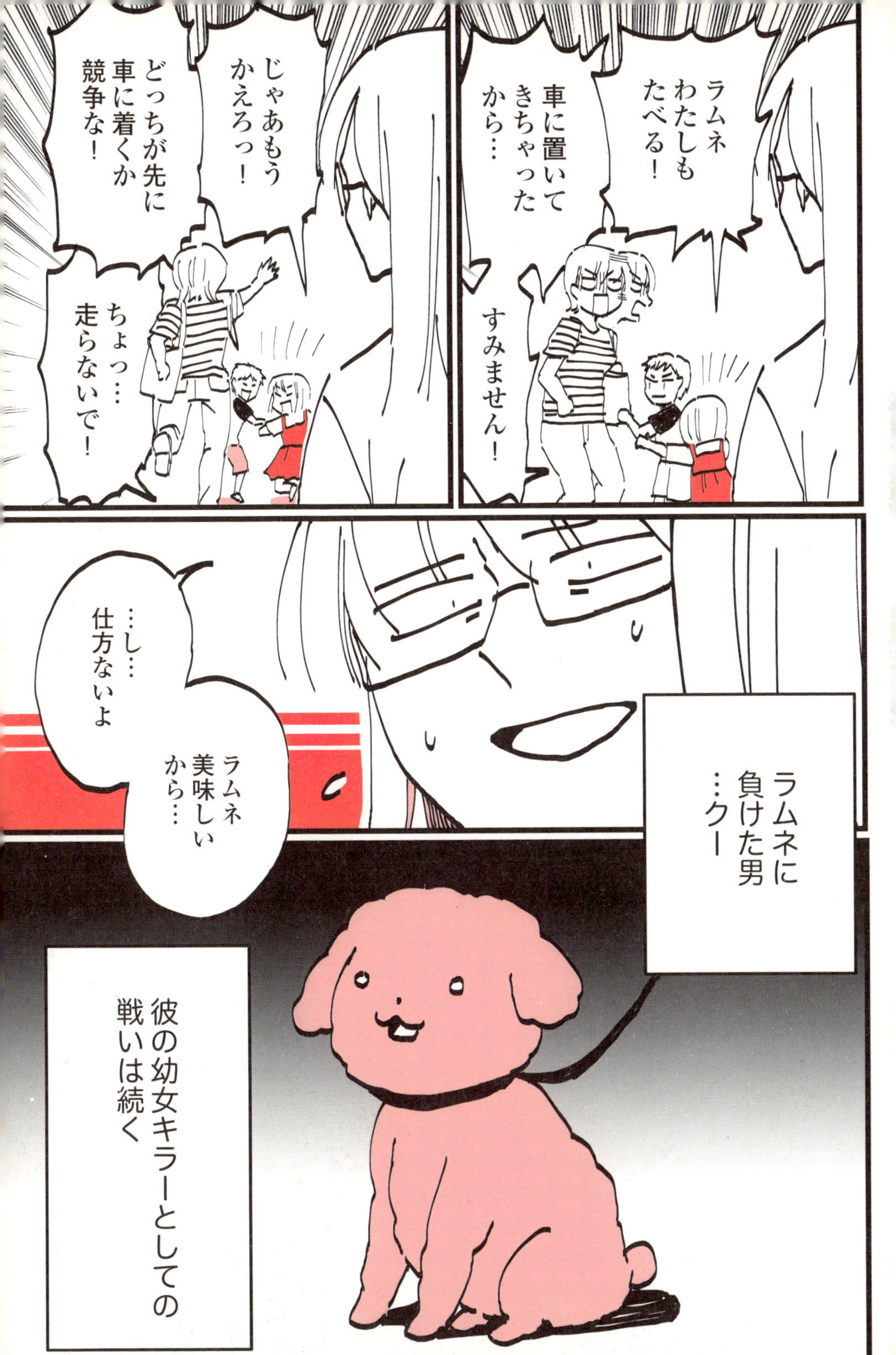
ラムネわたしもたべる！
車に置いてきちゃったから…
すみません！
じゃあもうかえろっ！
どっちが先に車に着くか競争な！
ちょっ…走らないで！
…し…仕方ないよ
ラムネ美味しいから…
ラムネに負けた男…クー
彼の幼女キラーとしての戦いは続く

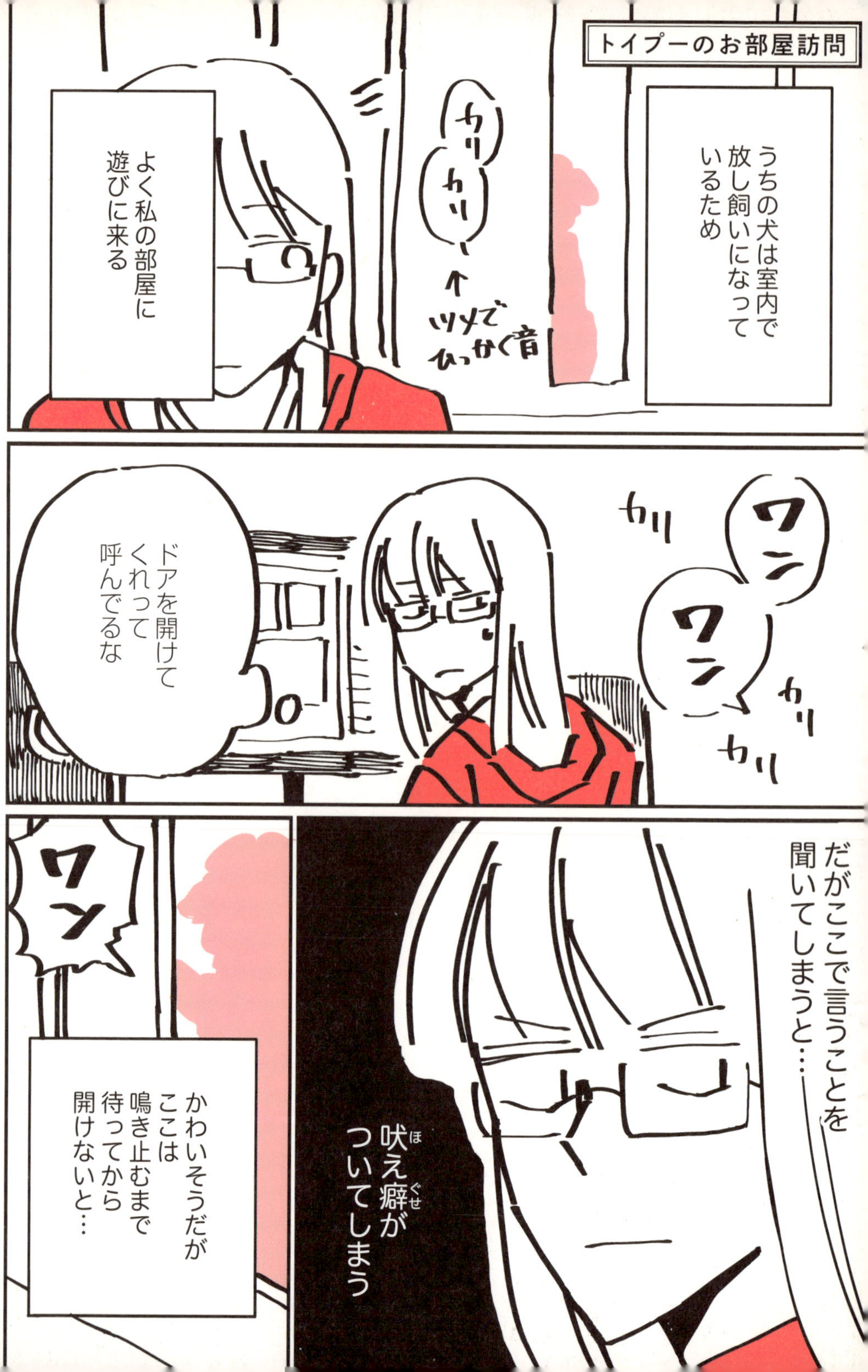
トイプーのお部屋訪問
うちの犬は室内で放し飼いになっているため
カリカリ
ツメでひっかく音
よく私の部屋に遊びに来る
ワン
ワン
カリ
カリ
カリ
ドアを開けてくれって呼んでるな
だがここで言うことを聞いてしまうと…
吠《ほ》え癖《ぐせ》がついてしまう
ワン
かわいそうだがここは鳴き止むまで待ってから開けないと…

ワン…
ワン…
カリ
カリ
カリ
あちょっと控えめになってきた
キューン
キュンキュン
カリ…
今度は可愛い声で甘え呼び作戦か……
キュ〜〜
キュウウ
キャン
キュン
ごめんよ意地悪してるわけじゃないんだ
お前のことを思って…
キュ〜グルルル
リヴァン!!
ギャオ!?
ヴォウオオン
ウオ〜〜!?
ヴァオウウオ
オウオ

アオン!?
ヴァウ
ア゛ー…
ガチャ
ビクッ
ありのままに
可愛い僕です――……!
いや今
野太い声で
悪態ついてたやろ
ぬっ
聞いとったわ

よつんばい

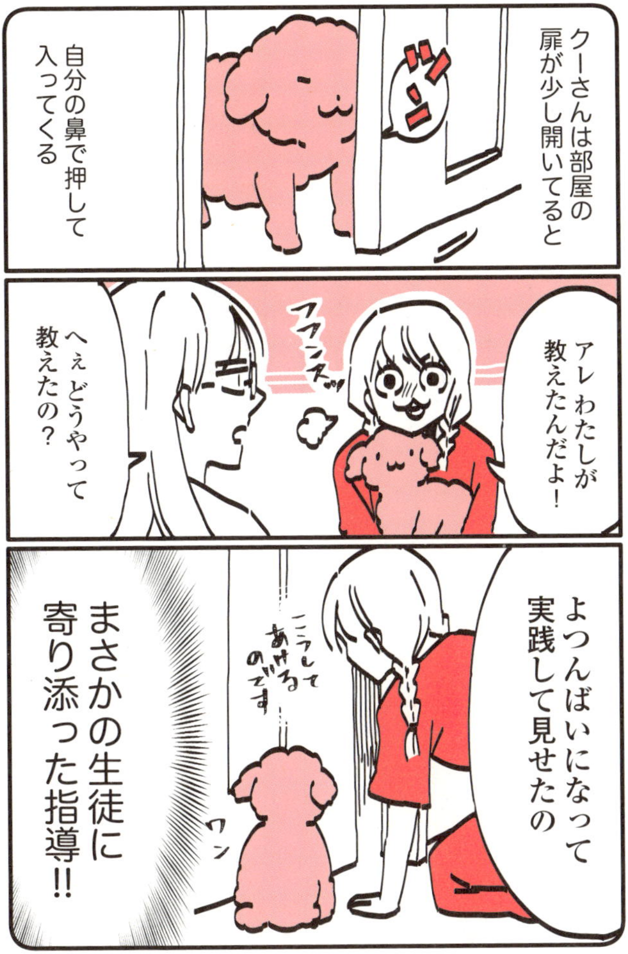

クーさんは部屋の扉が少し開いてると
自分の鼻で押して入ってくる
アレわたしが教えたんだよ!
へぇどうやって教えたの?
よつんばいになって実践して見せたの
こうしてあけるのです
ワン
まさかの生徒に寄り添った指導!!

トイプーとMステ
うちの犬は甘えたがりなので
カリ
カリ
母が外出すると膝に乗せてくれとよく私のところへ来る
それは可愛いのだが
のせて
おねがい
正直めっちゃ面倒くさい
なにせこの犬
膝に乗って降りるターンが5分に1回と早すぎるのだ
のせてくれー
外で物音
!
えいきゅうきかん
おかあさん帰ってきたかも!
おろしてくれー
おろす
腰が死ぬ
作業止まるし
効率化しよう…
私はそう決心した

ベッドやソファへの飛び乗り防止に買った。
そこで導入したのが
密林《アマゾン》で買ったはいいが使ってもらえなかった犬用の階段である
布製のやわらかいやつ。
私は指導した
膝の上に来たくば自ら階段を上がってこいと
私たちの戦いが始まった
クーは階段を嫌がったが少しでも足を乗せると私はめっちゃ褒めた
日頃からテンションを胎内《たいない》に置いてきたと言われる私も
よーっしゃっしゃ
んヒィヤァァァァ
イイコデスネーェ
ヒャー!!ッ
ここぞとばかりにムツゴロウとなった
そして…
妹
おおお!?

すごい！
クーさん 自ら…っ
階段登ってるー！
キャアア 可愛いー
どう やったの!?
仕込んだ
…
うちの子 やっぱり 賢いわー
いや 私を褒めて
すごいねー クーさん！
あ！ 降りることも できるの!?
わあ 偉い！
こいつ…!?

Mステだ…!
Mステの階段を降りる
アーティストばりの
ドヤ顔をしている…!!!
チャラララー
チャララララ
チャララララ~
Mステテーマソング
ラララ
ララ!
キャー!!
\ふんすっ/
うるさいな…
出てってくれ
しばらく私の部屋が
スタジオと化した

撫でてほしいトイプー
クーさんは撫でられるのが好きだ
だが…
!
ムワ…
撫でるのをやめると
めっちゃ見てくる…

ナデ
ナデ
フー！..
じっ
スッ…
ナデ
ナデ
フー！..
だめだ…
仕事が進まない…!!
ipad意外と使う左手ェ…
すまない
クーさん
締め切りが
やばいんだ…
さっ
！
撫でるのは
後にさせてくれ！
…

フミッ
え!?
ちょ…っ
グイ グイ
だが断る
ジッ
Delete…
なぜなら この板より ボクのほうが カワイイから
おのれ 小悪魔!!
こうして 締め切りは 過ぎていく

経年変化

トイプーとうさちゃん
お
PC
このペット用
ぬいぐるみ
いいなあ
ロープ状の胴体を噛むと
デンタルケアにも
なるのかー
早速 購入した
ほら
クーさん
プレゼン…
うさぎさーーーん!!

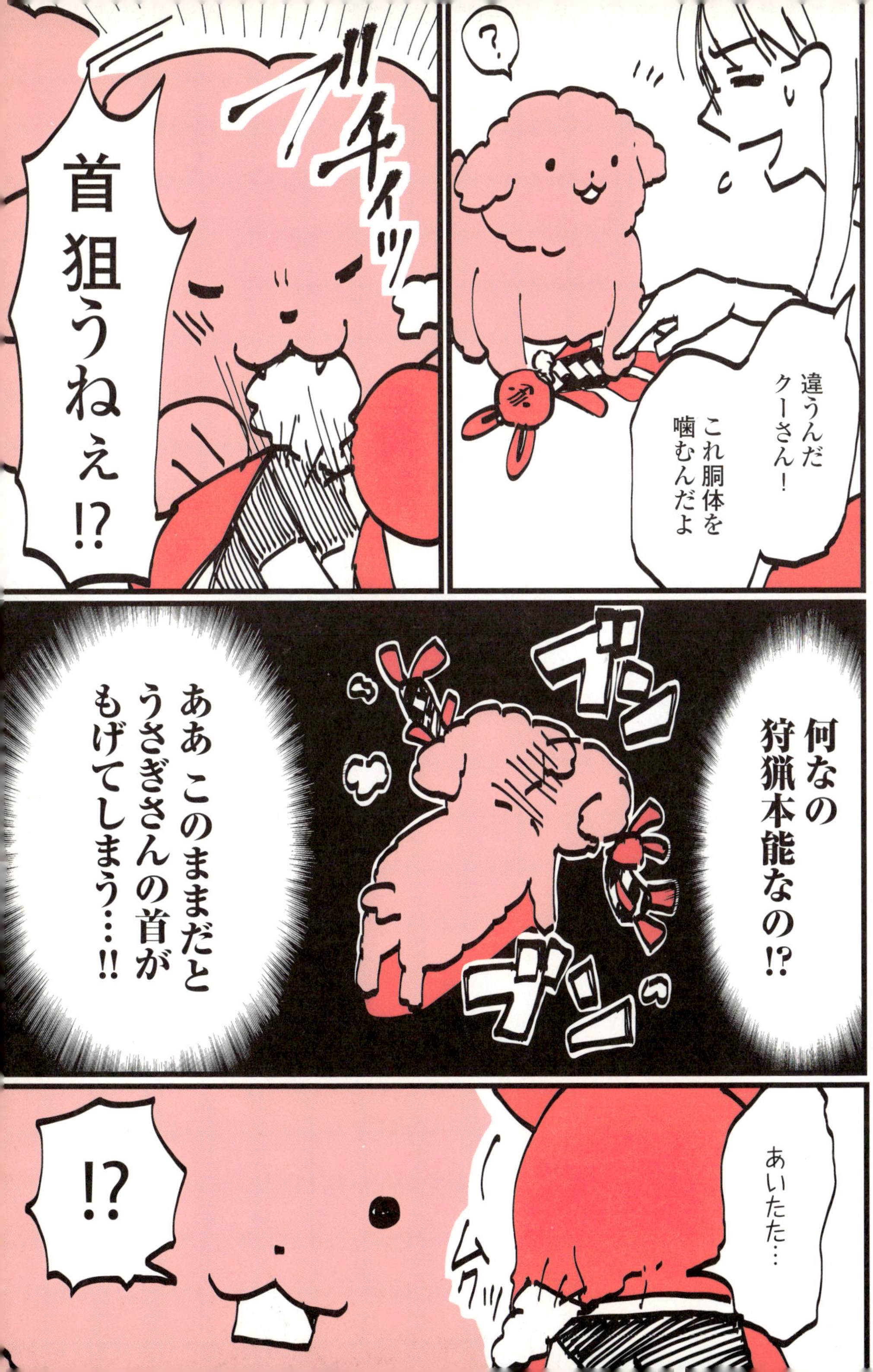
?
違うんだ クーさん！
これ胴体を 噛むんだよ
ブチィッ
首狙うねぇ!?
何なの 狩猟本能なの!?
ブン
ブン
ああ このままだと うさぎさんの首が もげてしまう…!!
あいたた…
ムクッ
!?

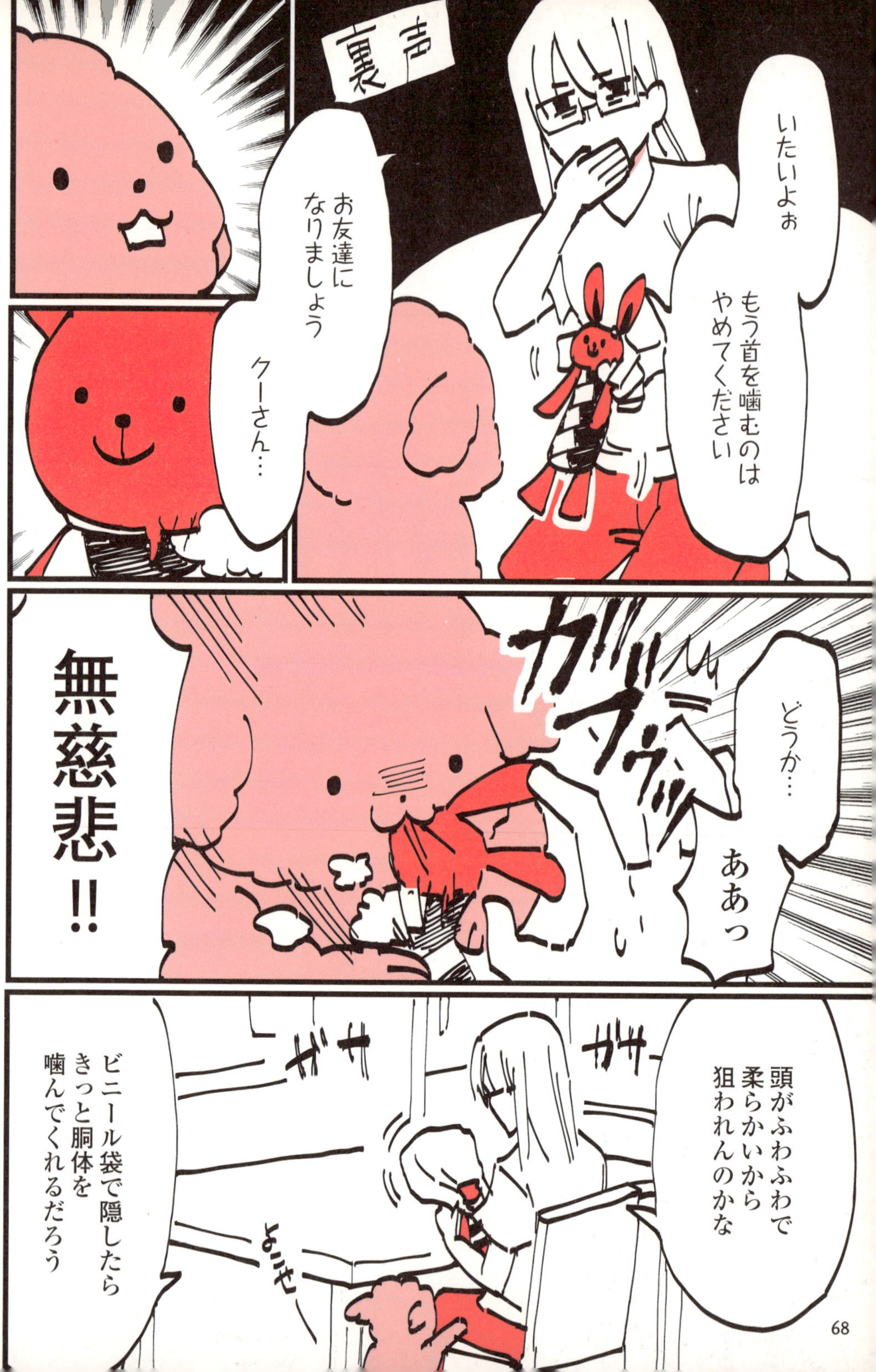
いたいよぉ
もう首を噛むのはやめてください
裏声
お友達になりましょう
クーさん…
ガブゥッ
どうか…
ああっ
無慈悲!!
頭がふわふわで柔らかいから狙われんのかな
ガサー
ガサ
よこせ
ビニール袋で隠したらきっと胴体を噛んでくれるだろう

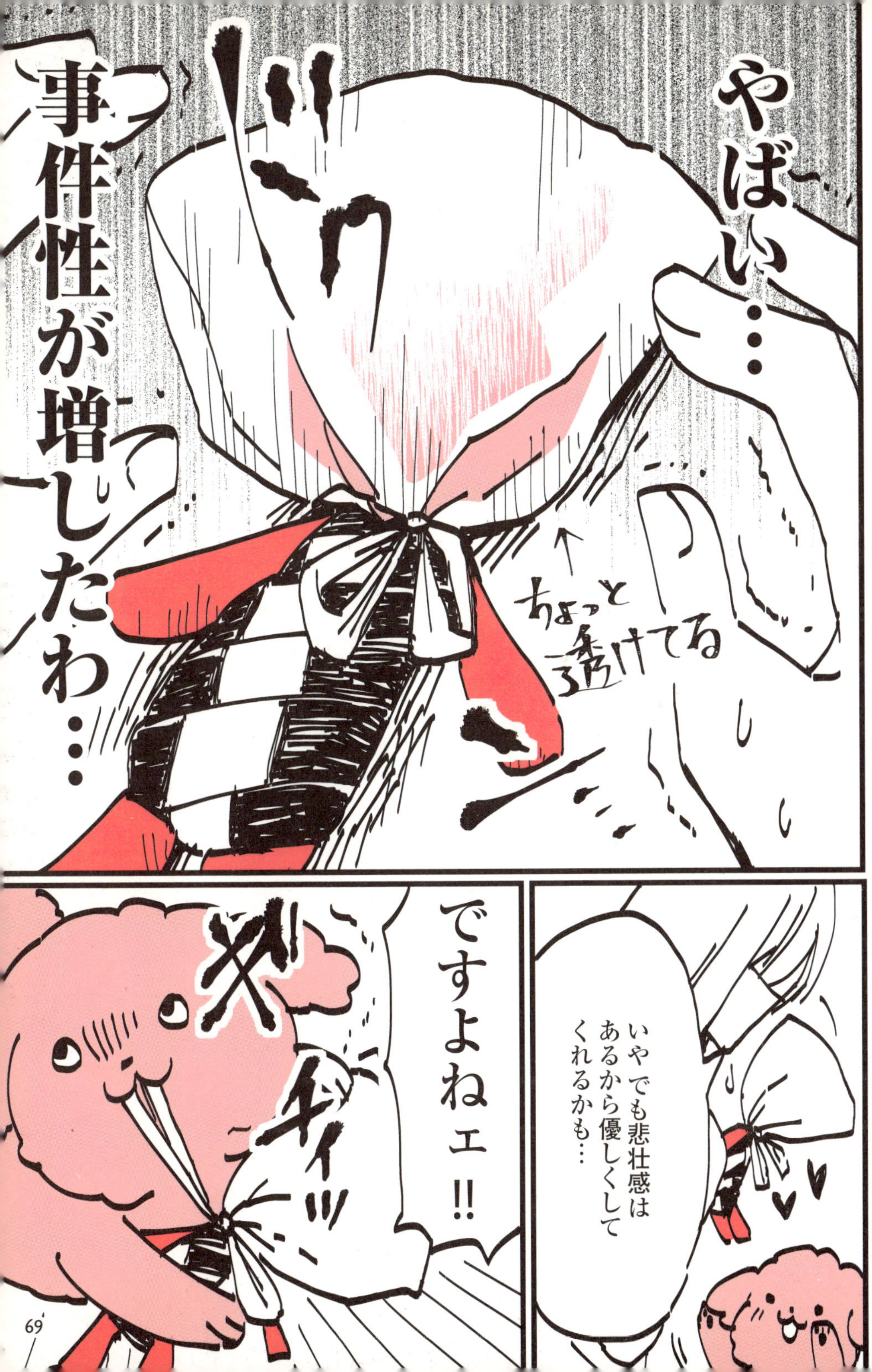
やばい…
ちょっと透けてる
事件性が増したわ…
いやでも悲壮感はあるから優しくしてくれるかも…
ですよねェ!!

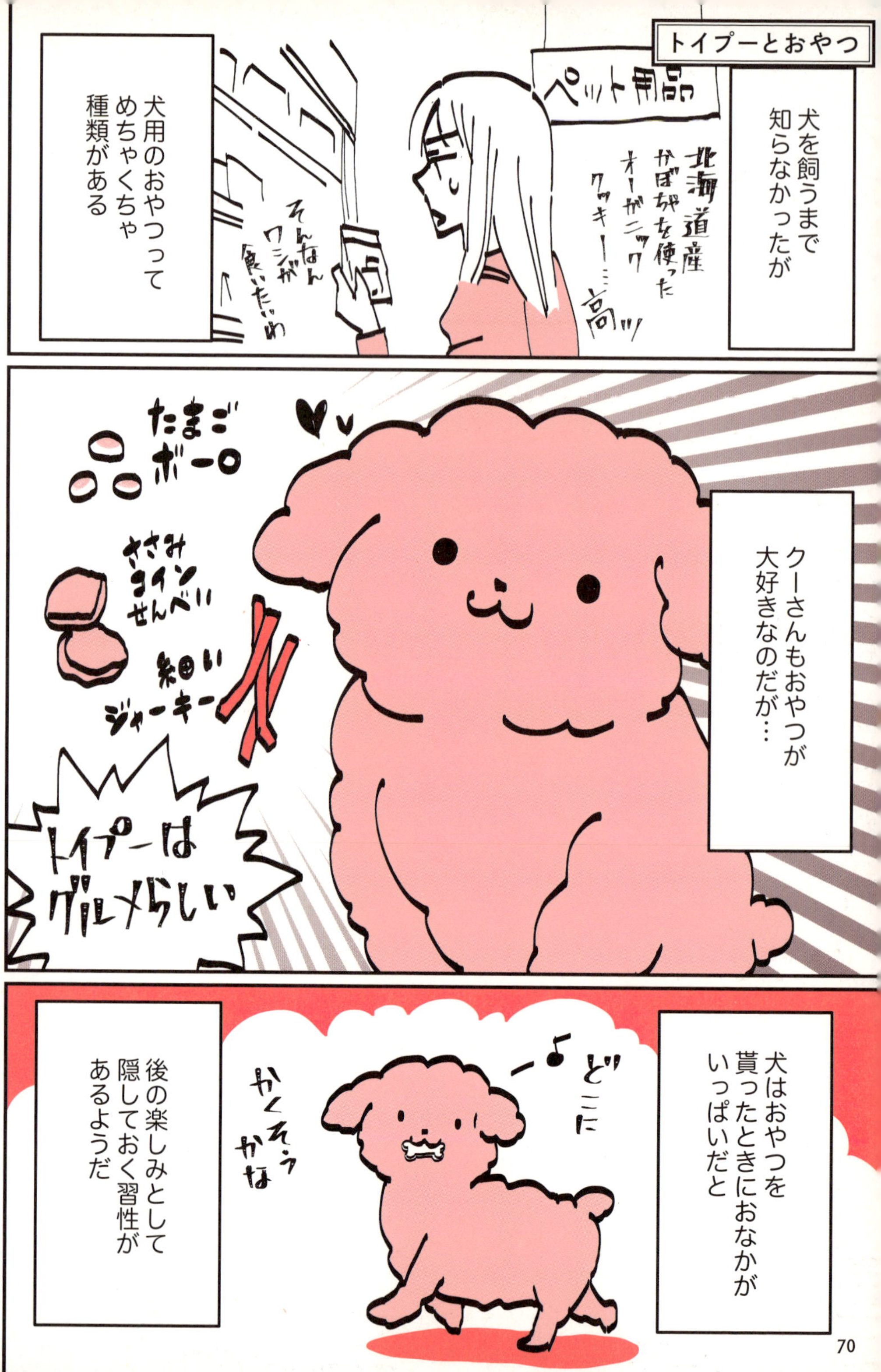
トイプーとおやつ
犬を飼うまで知らなかったが
ペット用品
北海道産かぼちゃを使ったオーガニッククッキー…高ッ
そんなんワシが食いたいわ
犬用のおやつってめちゃくちゃ種類がある
クーさんもおやつが大好きなのだが…
たまごボーロ
ささみライン せんべい
細いジャーキー
トイプーはグルメらしい
犬はおやつを貰ったときにおなかがいっぱいだと
どこに
かくそうかな
後の楽しみとして隠しておく習性があるようだ

クーさんが5歳くらいの頃
ん？
シャカシャカ
どうしたの？
何か入っちゃった？
……？
何もないよ？
シャカシャカ
何度かおやつをソファの下に隠しておいたことがあるから
勘違いしてるな

ナゾのないポーズ
ないもんはないです
諦《あきら》めな！
ボクのおやつ〜
ヒュウウン〜
ドスッ
良心
…
仕方ないな 新しいの あげるよ
あれっ あげちゃったの!?
昨日も同じ状況でビスケットあげたんだけど!?
ええっ

ああっ 本当だ！
食べかけのビスケットが犬用ベッドに!!
ちぇっ また これ かぁ…
だまされた!!!…
しかもそのビスケットそんなにないみたいよ…
ポトッ
皆さんもあざとい詐欺師《さぎし》にご注意を

初めて見る顔

ちょっとシャレオツな犬用おやつがそろうペットショップに来た
スモークポーク
スモークチキン
温野菜
すごいコレ！人間が食べても美味しそう！
クーさんどれがいい？
うわ…
デパ地下デリを見つめるOLみたいな顔してる…！

chapter: 3

トイプーは
家族の
一員。

toypoo ha

kazoku no ichiin.

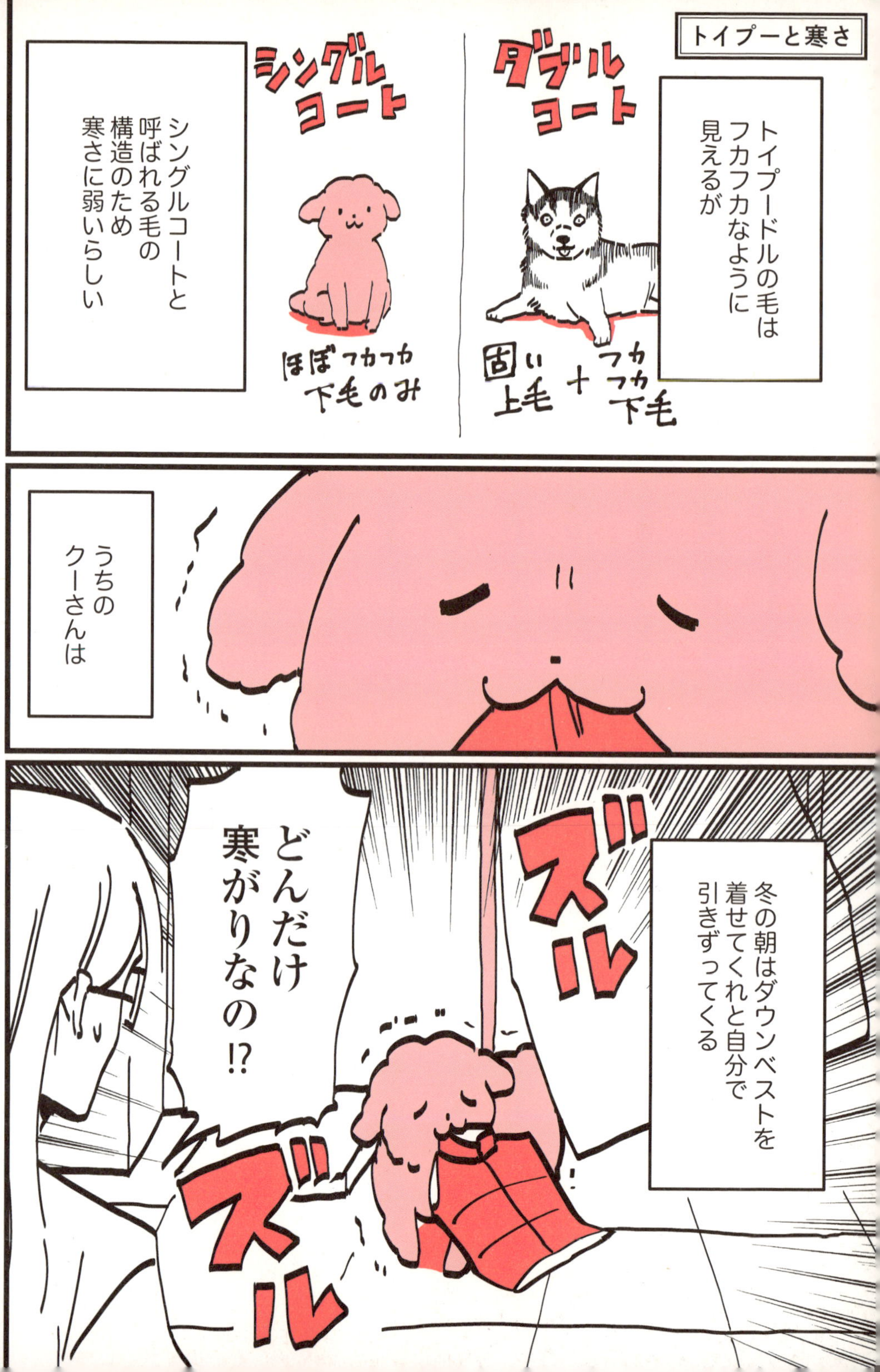
トイプーと寒さ
トイプードルの毛は
フカフカなように
見えるが
ダブルコート
固い上毛＋フカフカ下毛
シングルコート
ほぼフカフカ下毛のみ
シングルコートと
呼ばれる毛の
構造のため
寒さに弱いらしい
うちの
クーさんは
冬の朝はダウンベストを
着せてくれと自分で
引きずってくる
ズル
ズル
どんだけ
寒がりなの⁉

ブル
ブル
電気ストーブ
電気ストーブの前から動かないね
なんか哀愁ある背中だな…
バサッ
今朝は冷えるなあ
そろそろアレ出すか
コタツ

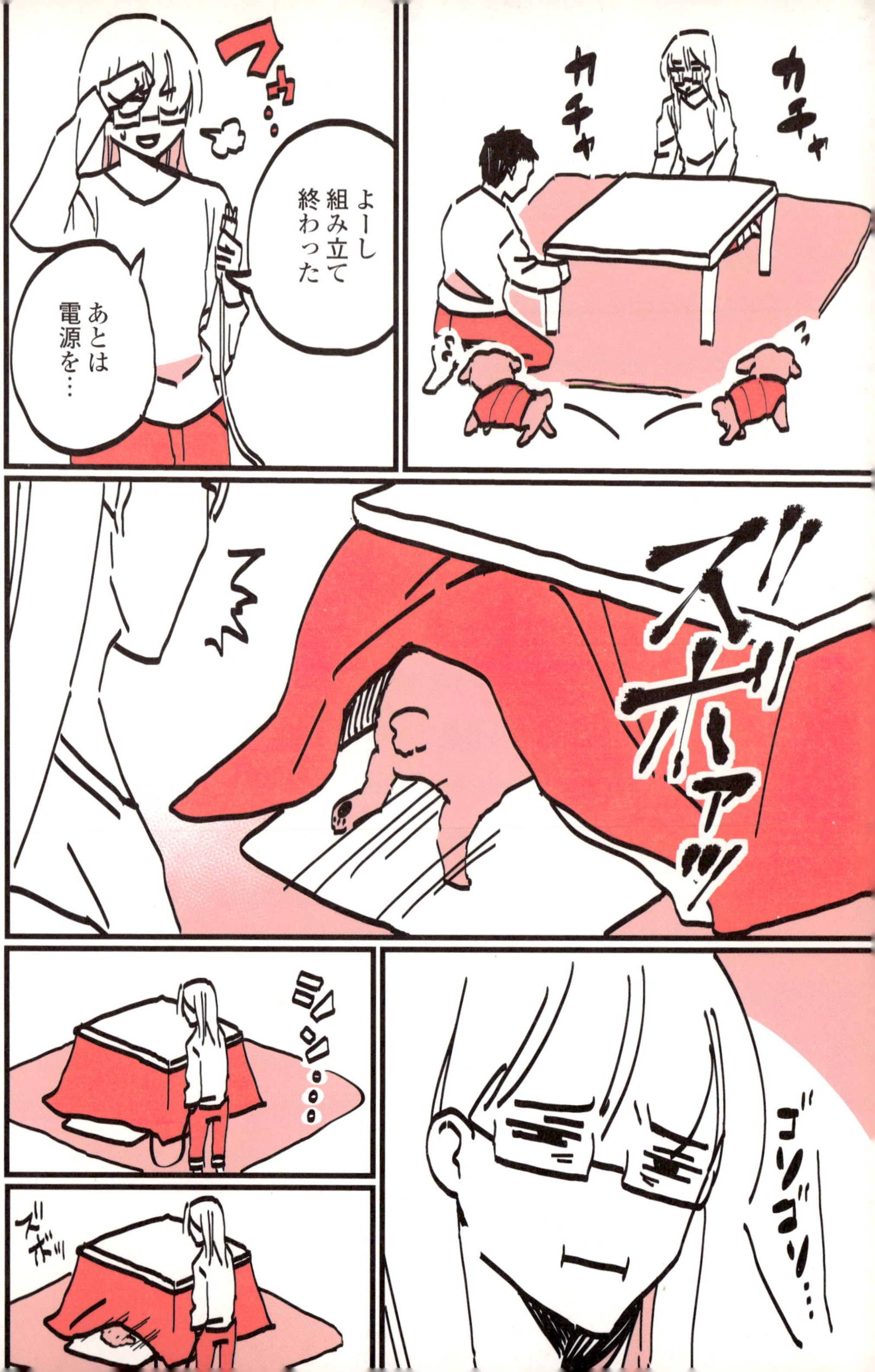
カチャ
カチャ
フゥ‥
よーし 組み立て 終わった
あとは 電源を…
ズボアッ
ゴソゴソ…
ズボッ

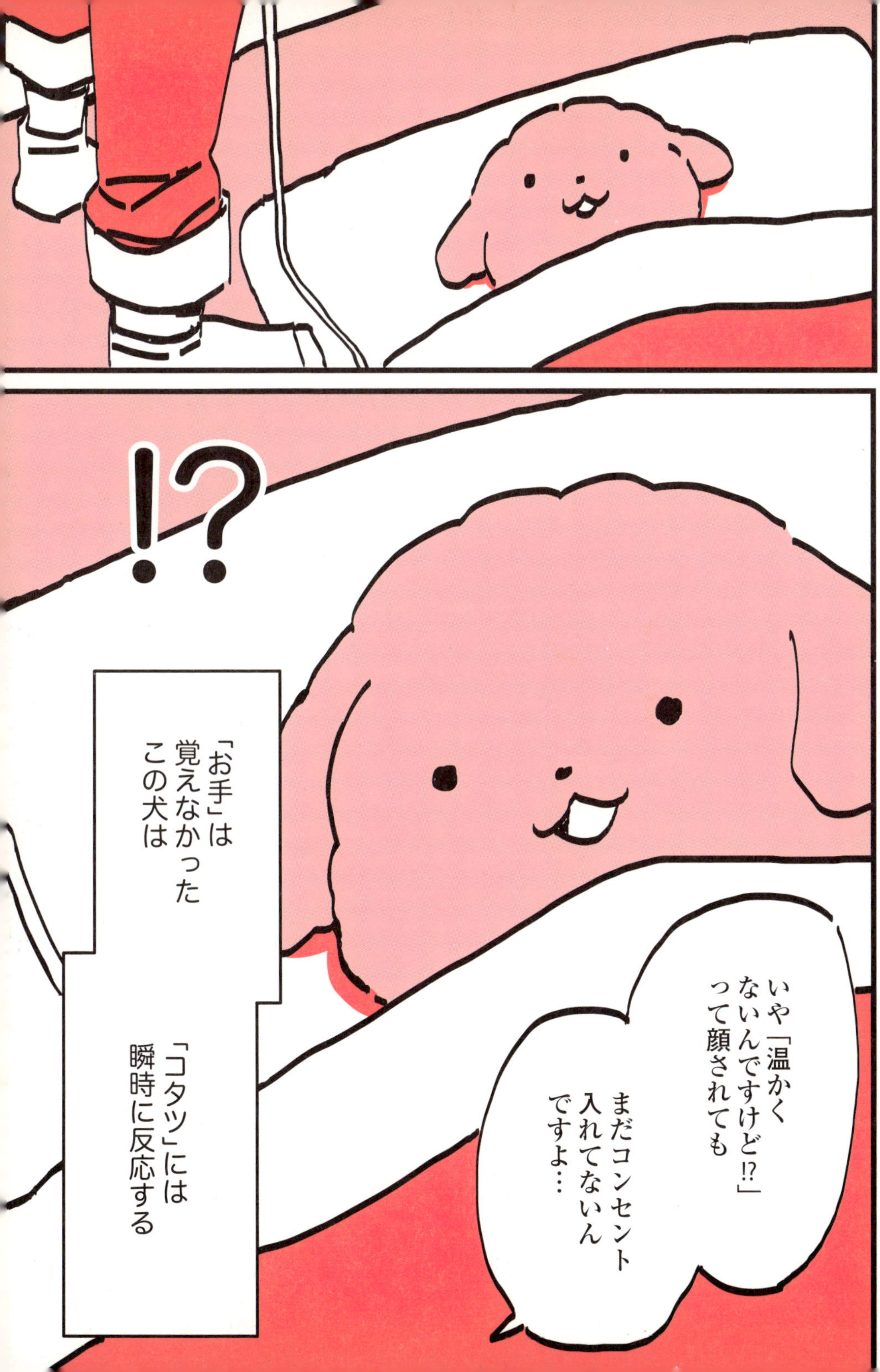
!?
いや「温かくないんですけど!?」って顔されてもまだコンセント入れてないんですよ…
「お手」は覚えなかったこの犬は
「コタツ」には瞬時に反応する

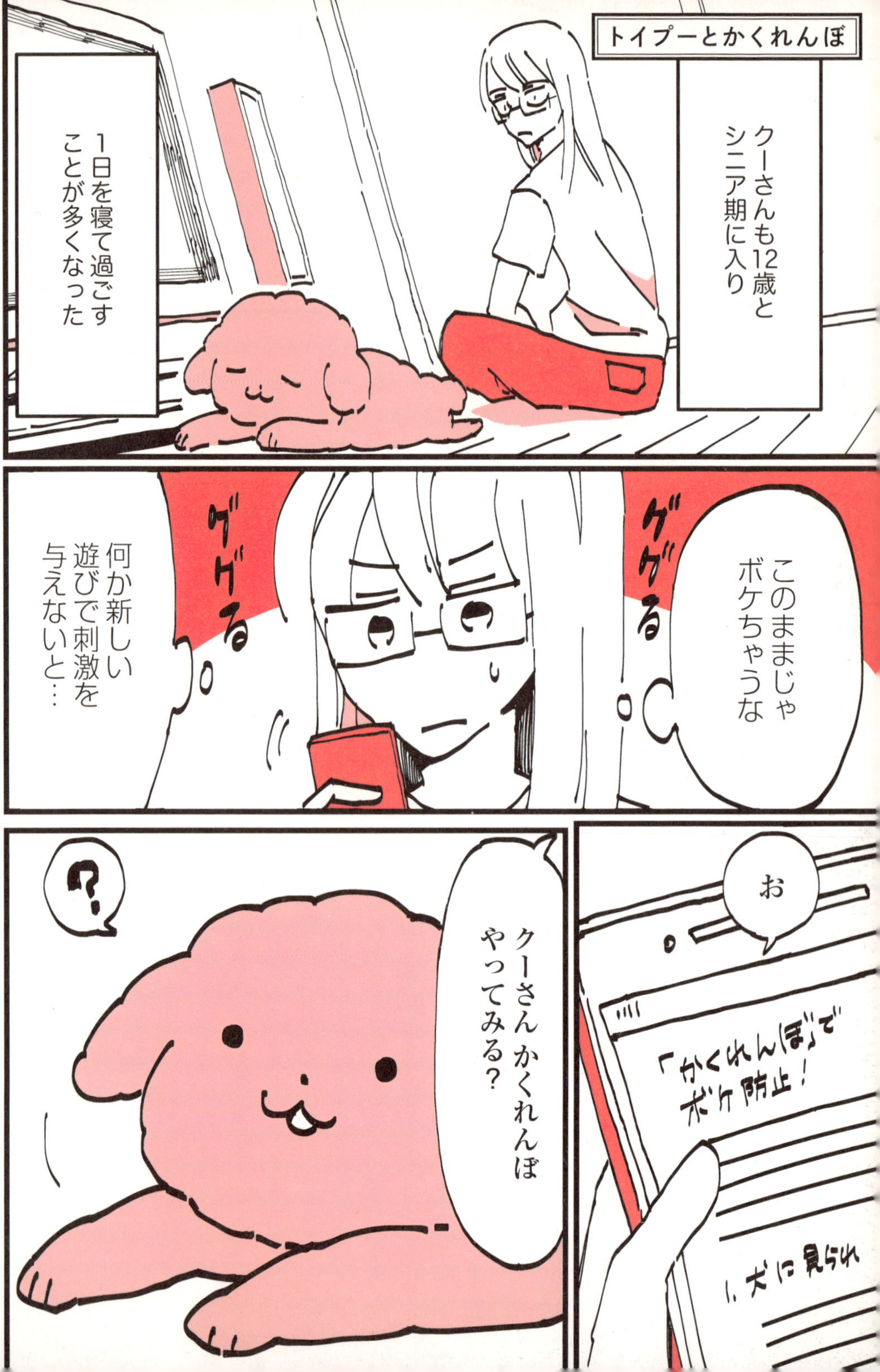
トイプーとかくれんぼ
クーさんも12歳と シニア期に入り
1日を寝て過ごす ことが多くなった
このままじゃ ボケちゃうな
ググる
ググる
何か新しい 遊びで刺激を 与えないと…
お
「かくれんぼ」で ボケ防止！
1. 犬に見られ
クーさんかくれんぼ やってみる？
？

というわけで隠れてくれる？
母
はいよ！
クーさん待てよ――…
よし行け！
タッ
お母さんどこかなー
タ
タタ…
どこに隠れて…
!?
嘘だろおおお!?
ドオオオオン
真剣
人間側の隠れるスキルが低い!!

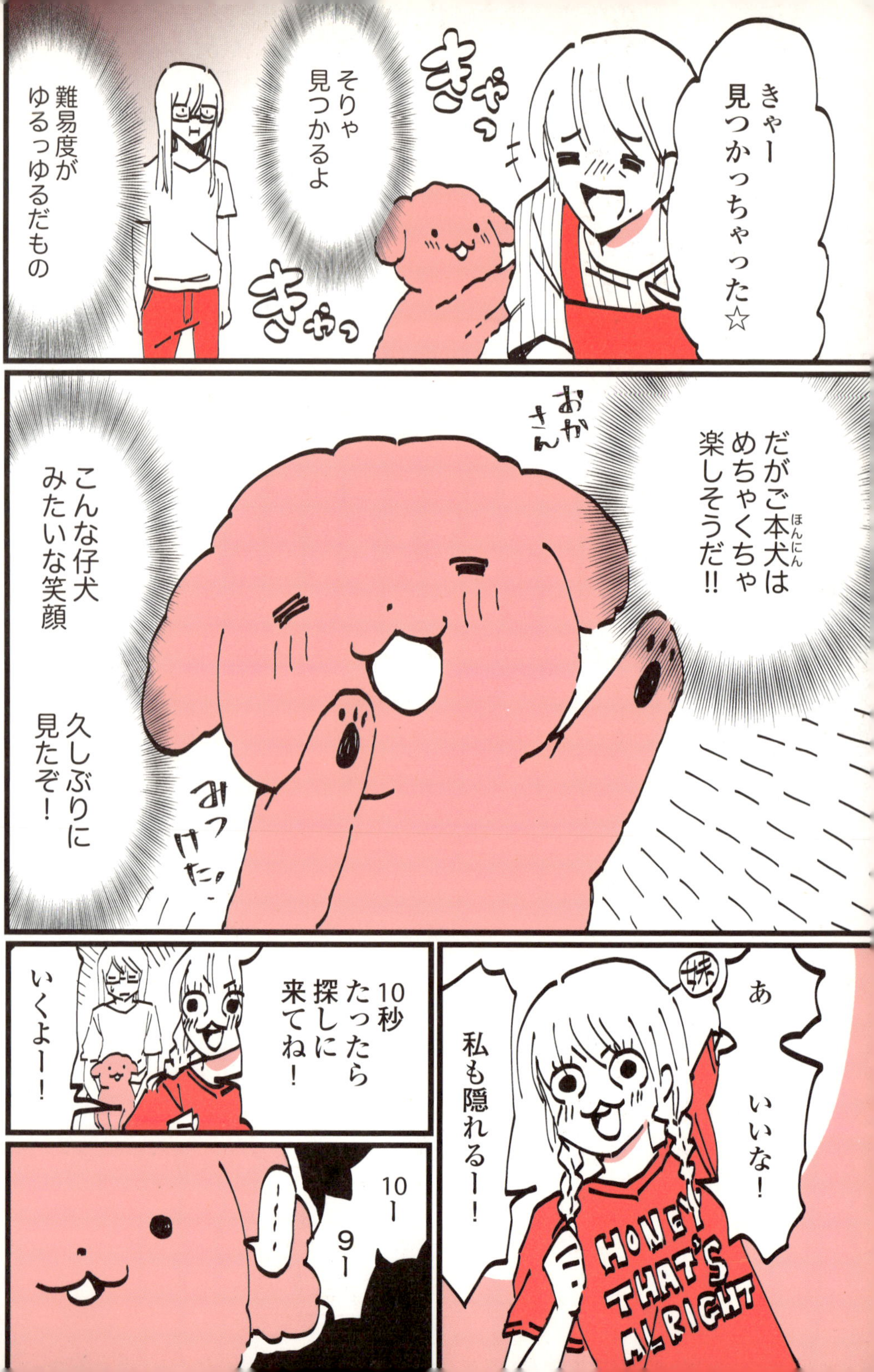

きゃー見つかっちゃった☆
きゃっ
きゃっ
そりゃ見つかるよ
難易度がゆるっゆるだもの
だがご本犬《ほんにん》はめちゃくちゃ楽しそうだ!!
おかさん
こんな仔犬みたいな笑顔
久しぶりに見たぞ!
みつけた!
妹
あ
いいな!
私も隠れるー!
10秒たったら探しに来てね!
いくよー!
10ー
9ー
!…

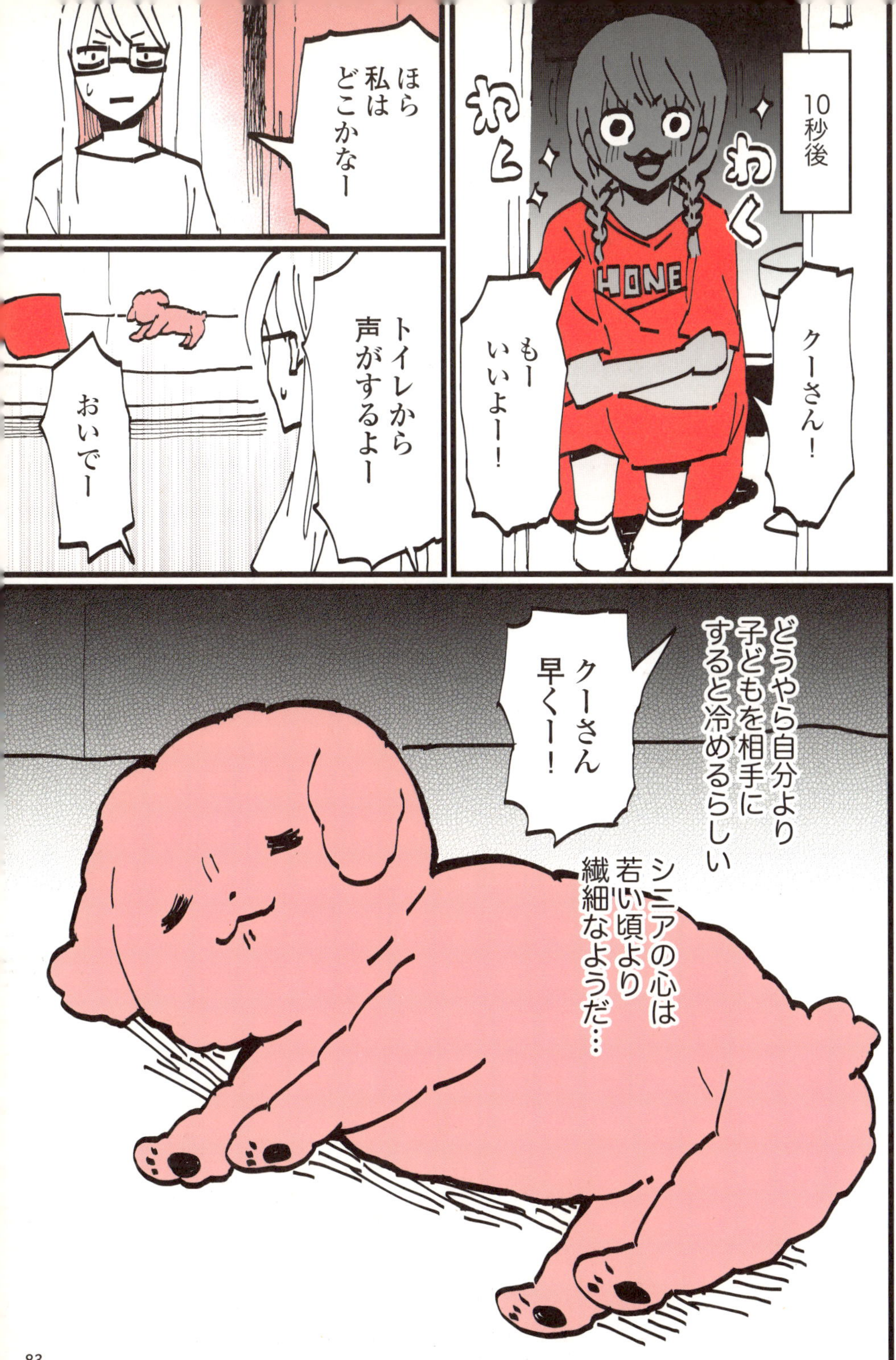
10秒後
わく
わく
HONE
クーさん！
もー
いいよー！
ほら
私は
どこかなー
トイレから
声がするよー
おいでー
どうやら自分より
子どもを相手に
すると冷めるらしい
クーさん
早くー！
シニアの心は
若い頃より
繊細なようだ…

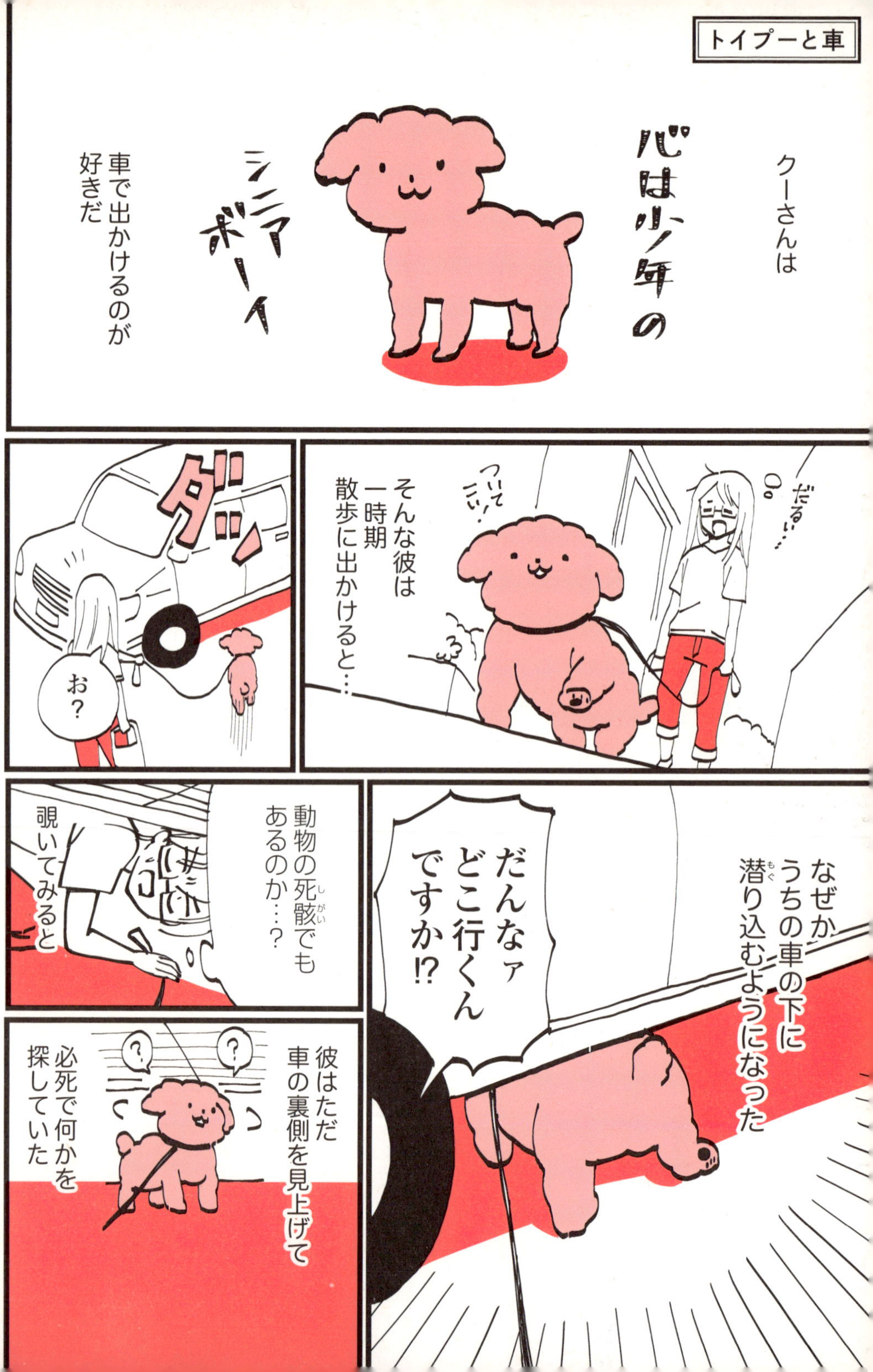
トイプーと車
クーさんは
心は少年の
シニアボーイ
車で出かけるのが好きだ
だる……
ついてこい!
そんな彼は一時期散歩に出かけると…
ダッ
お?
なぜかうちの車の下に潜《もぐ》り込むようになった
だんなァどこ行くんですか!?
動物の死骸《しがい》でもあるのか…?
覗いてみると
?
?
彼はただ車の裏側を見上げて必死で何かを探していた

それから
しばらくして…
謎が
解明したぞ
父
クーさんは
車の乗り口を
探してたらしい
ブハッ
ええ⁉
オヤツ
くれ
それは父が
散歩していた時…
あ
もしかして…
おい
車
乗るか？
い…
いいんですか…？
ガチャ
ほら
ここからしか
入れないんだぞ
⁉

ひー ありがと
ありがと
おとさん
はやく はやく
…まあ
乗ったところで…
別にどこにも行かないんだけどね
あの時のびっくりした顔…
凄かったなあ
ア゛!!!!
?
どこでもいいから連れて行ってやれよぉ!!

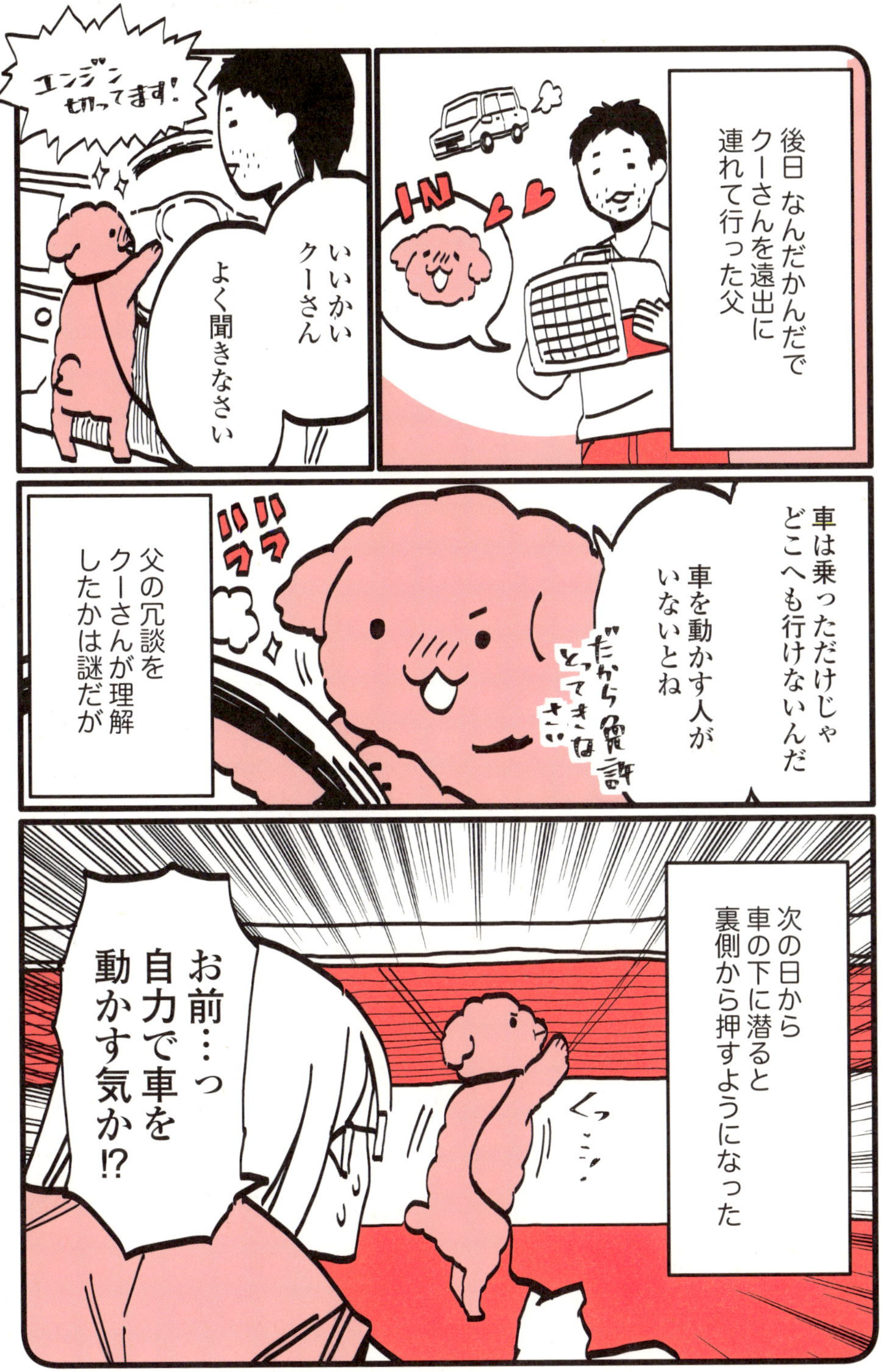
後日 なんだかんだで
クーさんを遠出に
連れて行った父
IN
エンジン切ってます!
いいかい
クーさん
よく聞きなさい
車は乗っただけじゃ
どこへも行けないんだ
車を動かす人が
いないとね
だから免許
とってきな
さい
ハフ
ハフ
父の冗談を
クーさんが理解
したかは謎だが
次の日から
車の下に潜ると
裏側から押すようになった
くっ…!
お前…っ
自力で車を
動かす気か!?

トイプーとトリミング

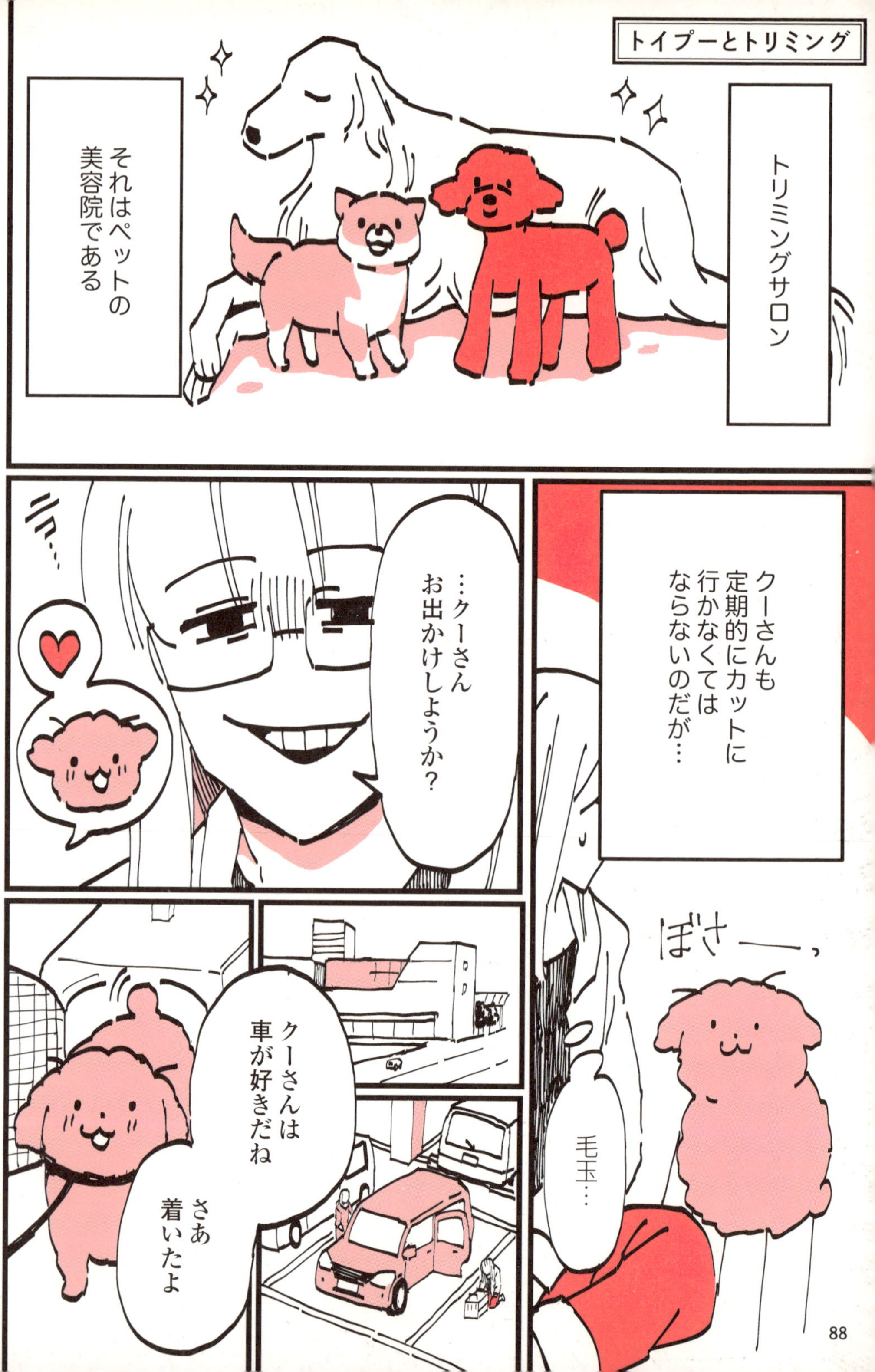
トリミングサロン
それはペットの美容院である
クーさんも定期的にカットに行かなくてはならないのだが…
ぼさーー
毛玉…
…クーさん お出かけしようか？
クーさんは車が好きだね
さあ着いたよ

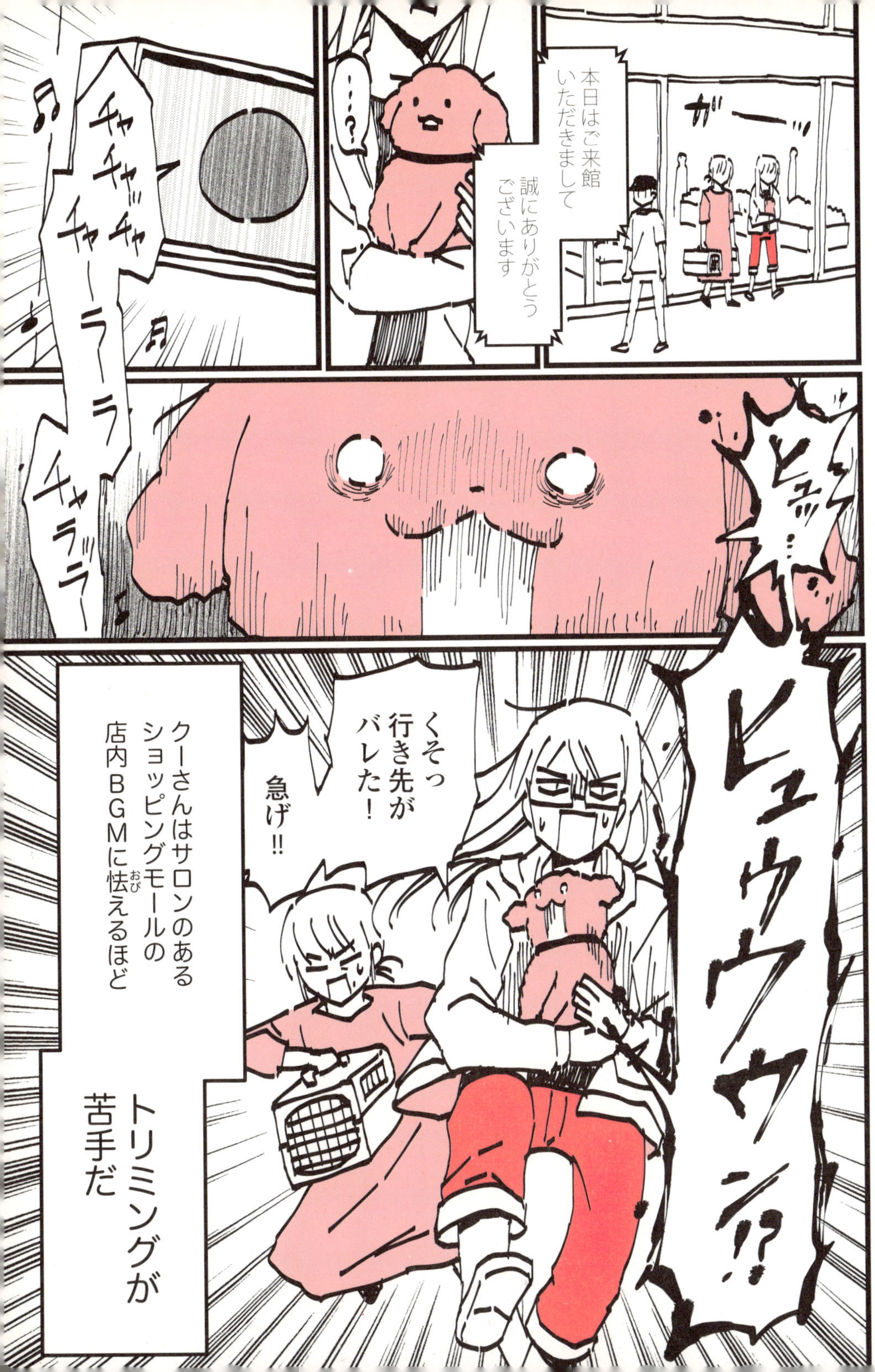
本日はご来館いただきまして
誠にありがとうございます
ガーッ
…?
チャチャッチャ
チャーラーラ
チャラッラー
ヒュッ…
ヒュウウウン!?
くそっ行き先がバレた！
急げ!!
クーさんはサロンのあるショッピングモールの店内BGMに怯《おび》えるほど
トリミングが苦手だ

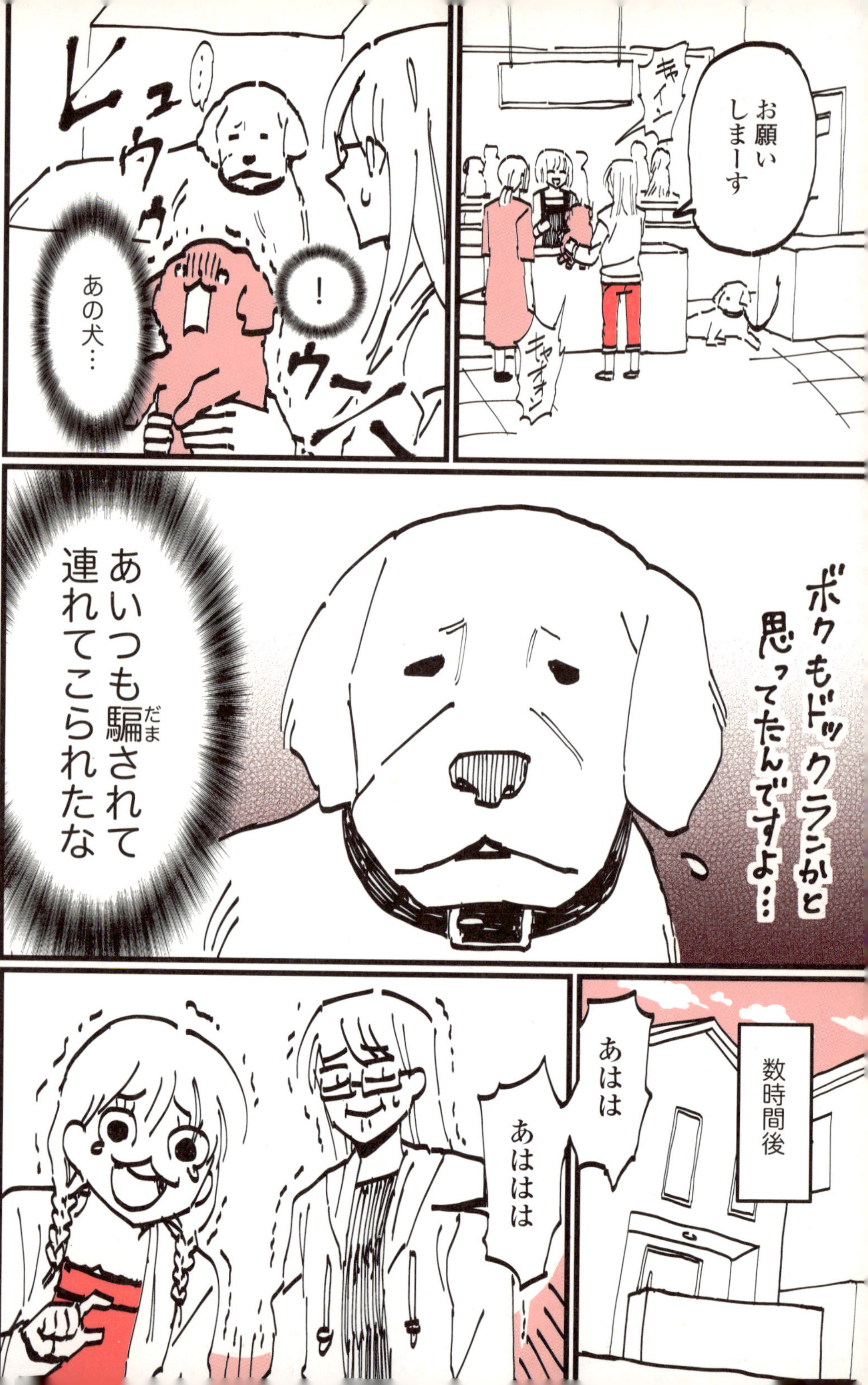
お願いしまーす
キャイン
キャオン
ヒュウウ
…
!
あの犬…
ウー
ボクもドックランかと思ってたんですよ…
あいつも騙《だま》されて連れてこられたな
数時間後
あはは
あははは

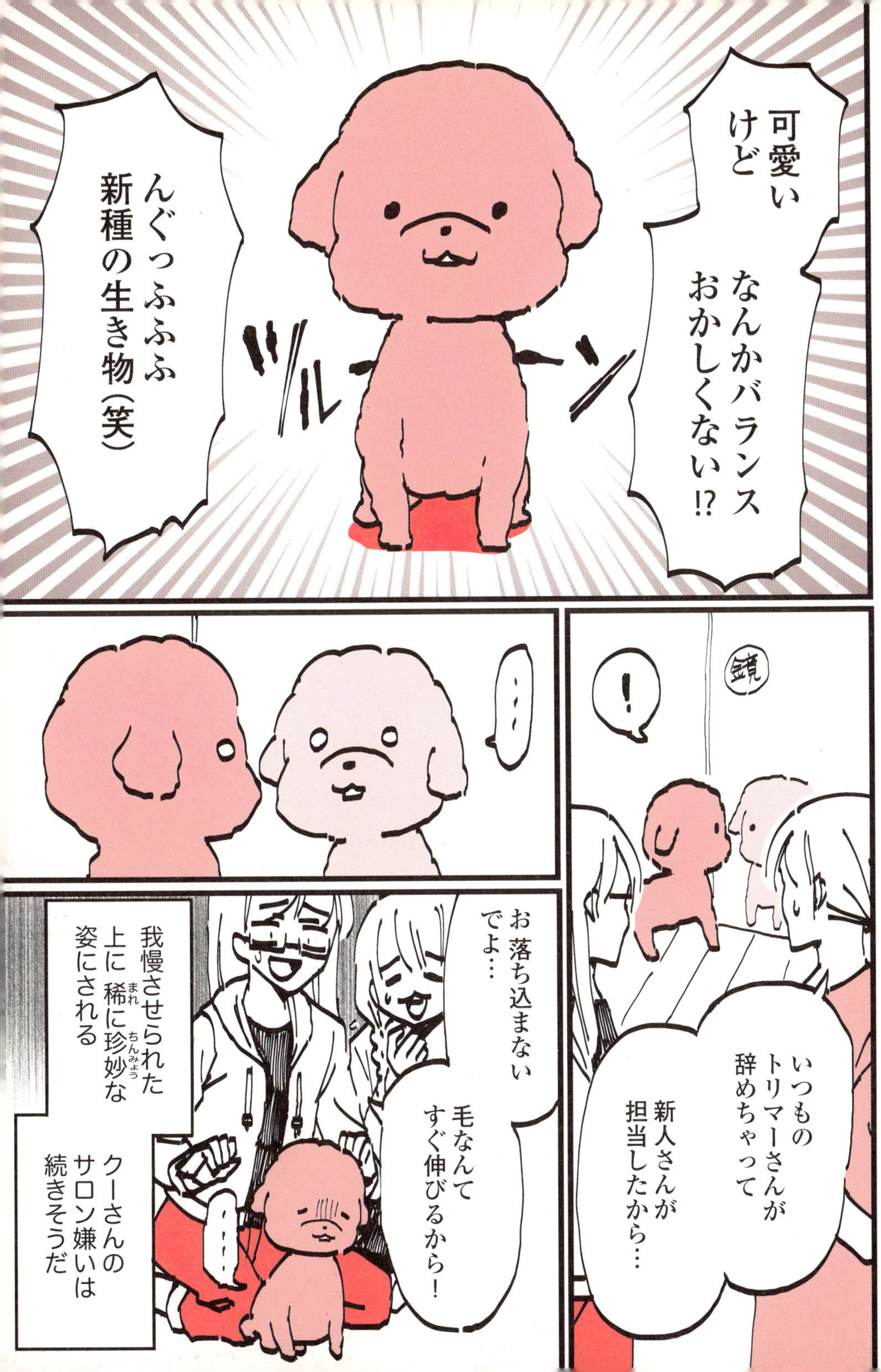
可愛いけど なんかバランスおかしくない!?
んぐっふふふ 新種の生き物(笑)
鏡
!
いつものトリマーさんが辞めちゃって
新人さんが担当したから…
…
お落ち込まないでよ…
毛なんてすぐ伸びるから!
…
我慢させられた上に稀《まれ》に珍妙《ちんみょう》な姿にされる
クーさんのサロン嫌いは続きそうだ

トイプー、喋る
オアッアン
アンッ
えー!!なにー!?
ある日から クーさんは
大好きな母に 小さく吠える ようになった
それは何か 話しかけている ようだったが
意味はわからず
?
アオンミ
フゥ…
その後も 雨の日も 晴れの日も
アオウ〜ミ
オア〜ン
アオッア
アオ〜ミ
クーさんの謎の 訴えは続き そしてついに…

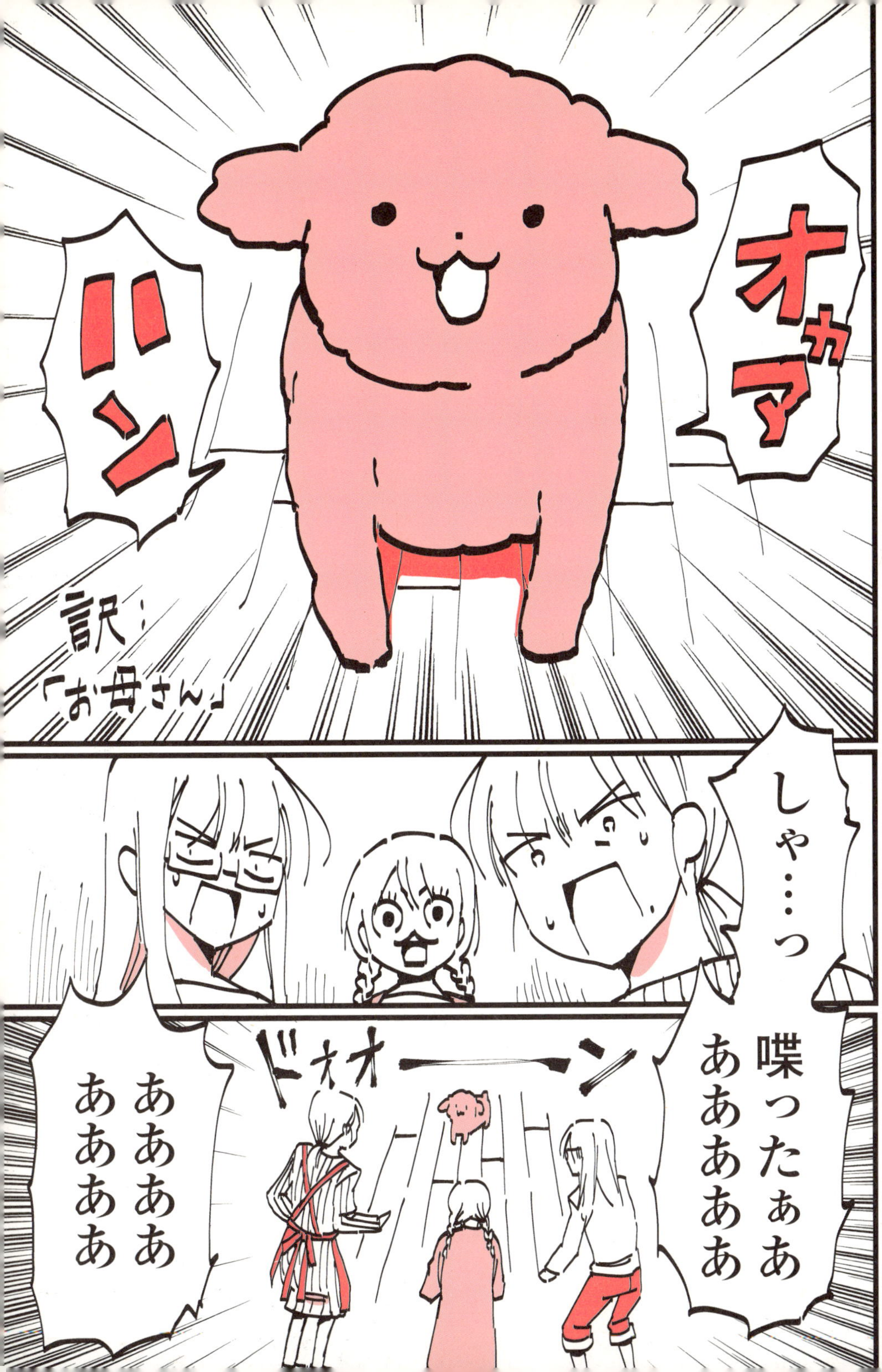

オヵ゛ア
ハン
訳：「お母さん」
しゃ…っ
喋ったぁあああああ
ドォオーーン
ああああああああああ

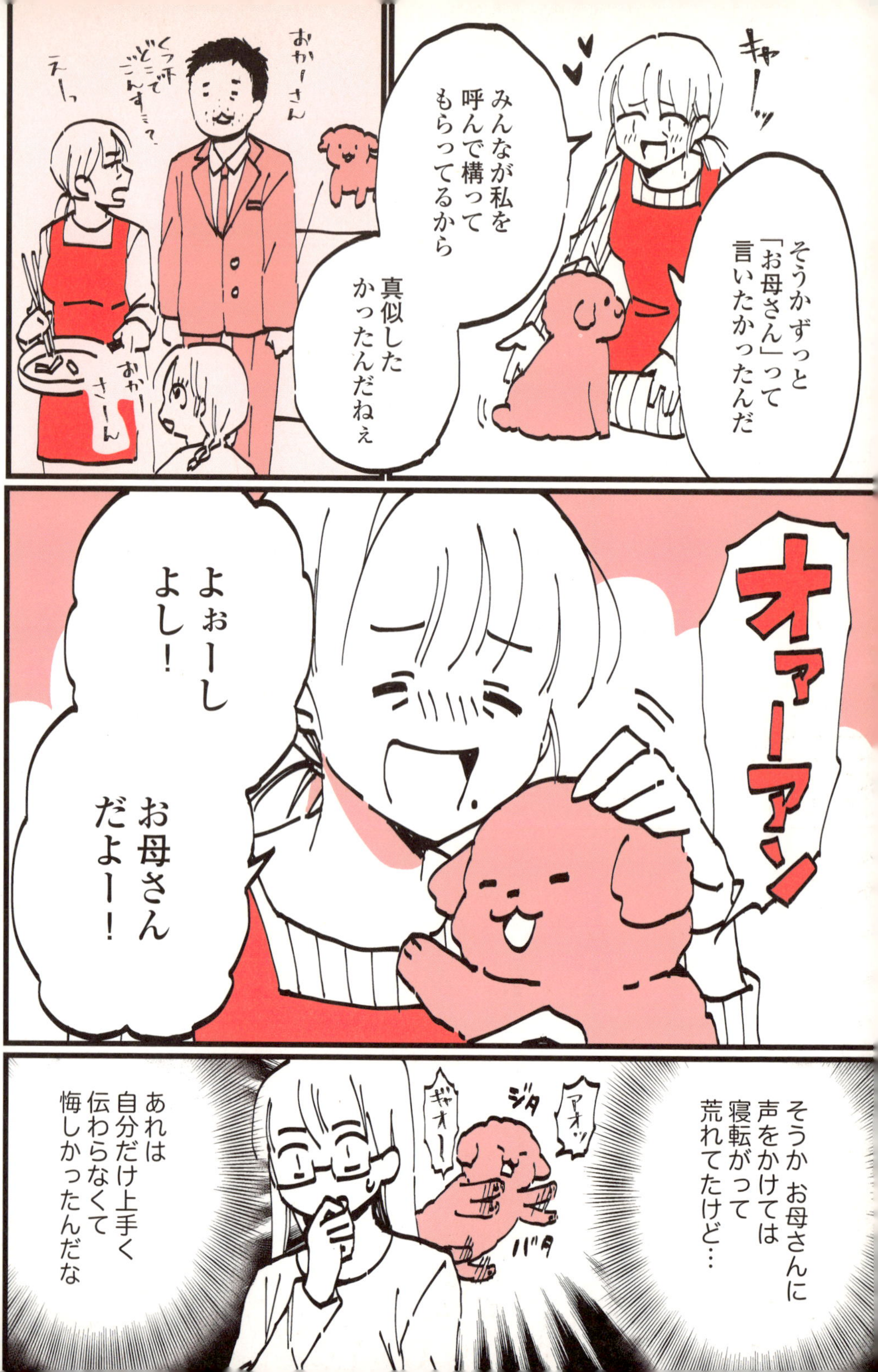
キャーッ
そうかずっと「お母さん」って言いたかったんだ
みんなが私を呼んで構ってもらってるから
真似したかったんだねぇ
おかーさん
くつ下どこでごんすって
えーっ
おかーさーん
オァーアン
よぉーしよし!
お母さんだよー!
そうかお母さんに声をかけては寝転がって荒れてたけど…
ギャオー!
アオッ
ジタ
バタ
あれは自分だけ上手く伝わらなくて悔しかったんだな

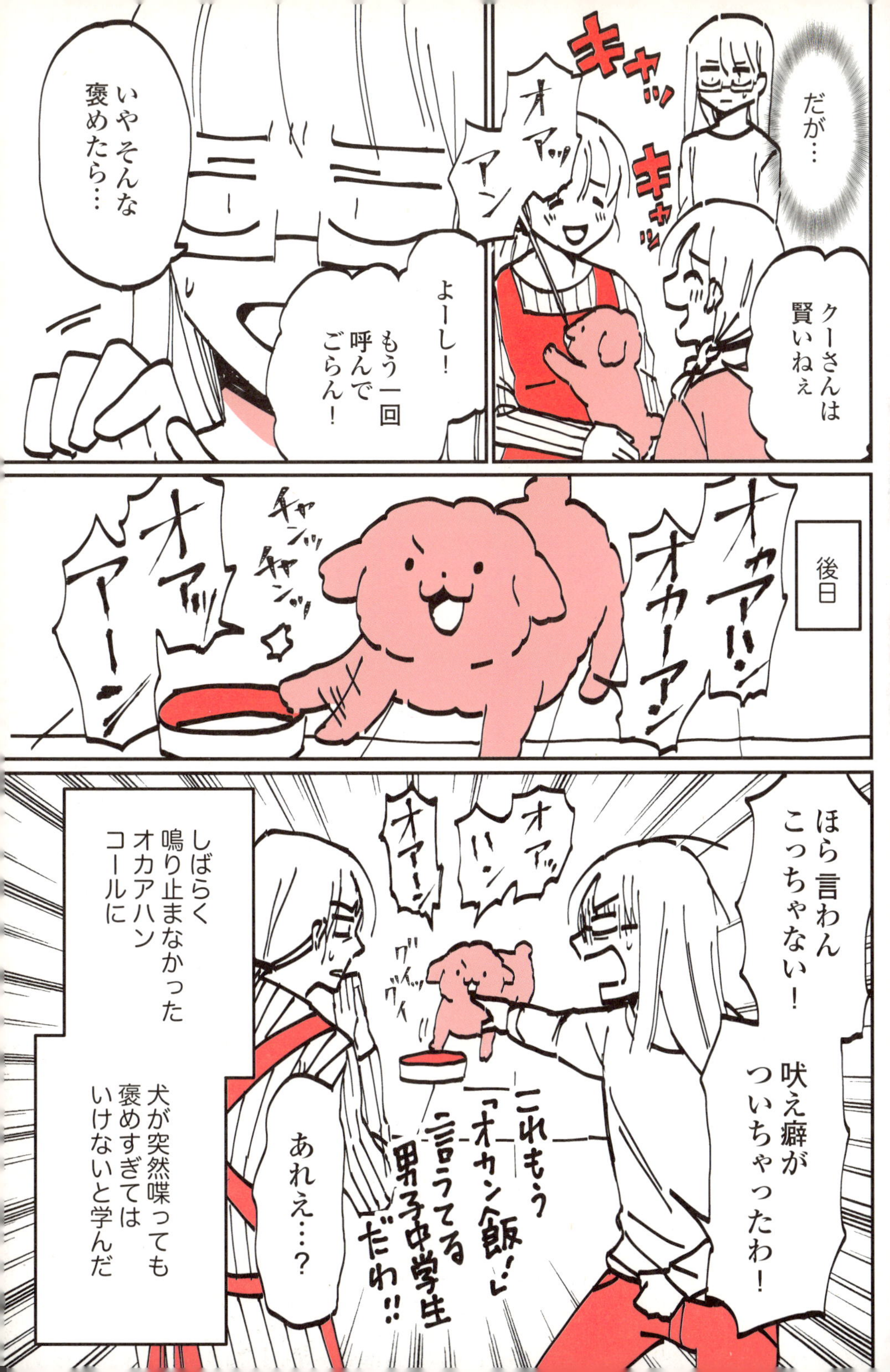
だが…
クーさんは賢いねぇ
キャッ キャッ
オアッアン
よーし！もう一回呼んでごらん！
いやそんな褒めたら…
後日
オカアハーン オカーアン
キャンッ キャンッ
オアッアーーン
ほら言わんこっちゃない！
吠え癖がついちゃったわ！
オアッハーン
オアー！
グイッグイ
これもう「オカン飯！」言うてる男子中学生だわ!!
あれえ…？
しばらく鳴り止まなかったオカアハンコールに
犬が突然喋っても褒めすぎてはいけないと学んだ

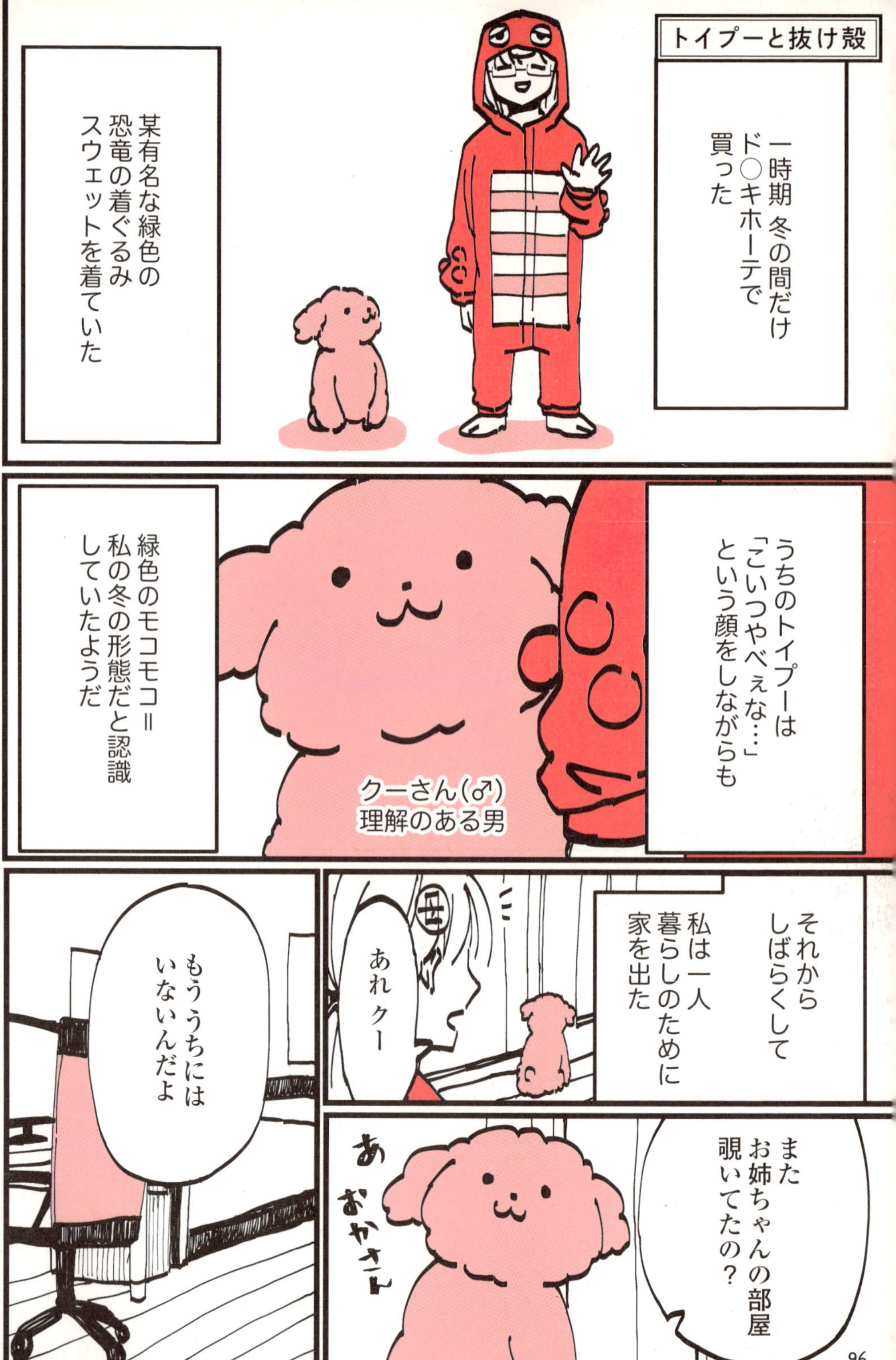
トイプーと抜け殻
一時期 冬の間だけ ド○キホーテで 買った
某有名な緑色の 恐竜の着ぐるみ スウェットを着ていた
うちのトイプーは 「こいつやべぇな…」 という顔をしながらも
クーさん(♂) 理解のある男
緑色のモコモコ＝ 私の冬の形態だと認識 していたようだ
それから しばらくして 私は一人 暮らしのために 家を出た
母
あれ クー
もううちには いないいんだよ
また お姉ちゃんの部屋 覗いてたの？
あ
おかさん

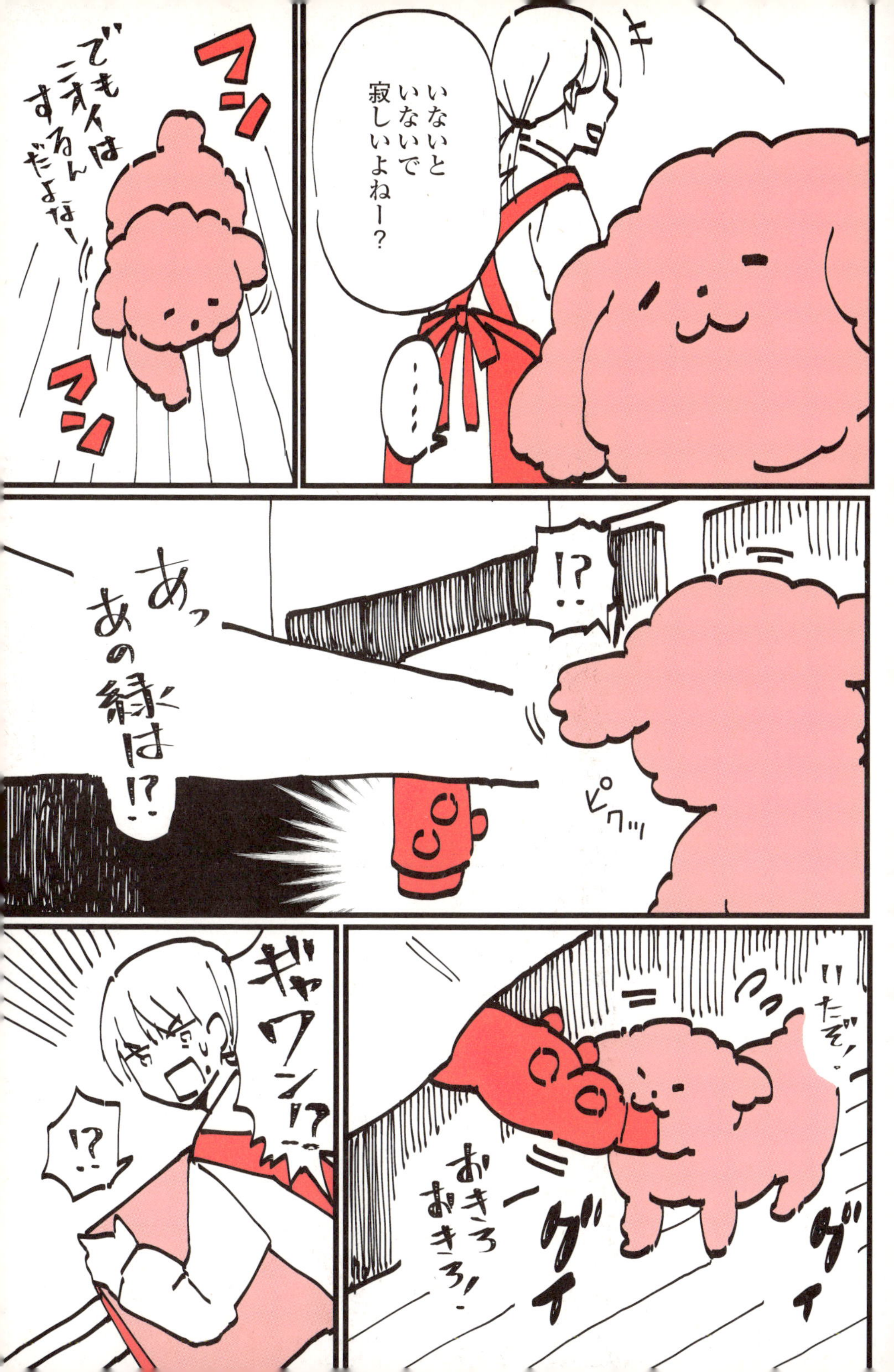
いないといないで寂しいよねー?
…
フン
フン
でもニオイはするんだよなー
!?
あっ
あの緑は!?
ピクッ
つっ
いたぞ!
グイ
グイ
おきろおきろ!
ギャワン!?
!?

どうした……――
し…死んでる…!?
……
大丈夫 それ 抜け殻だから!!
それからしばらくは実家に帰っても微妙な顔をされた
死んだはずでは?
生きてるよ!?

エネルギーボール

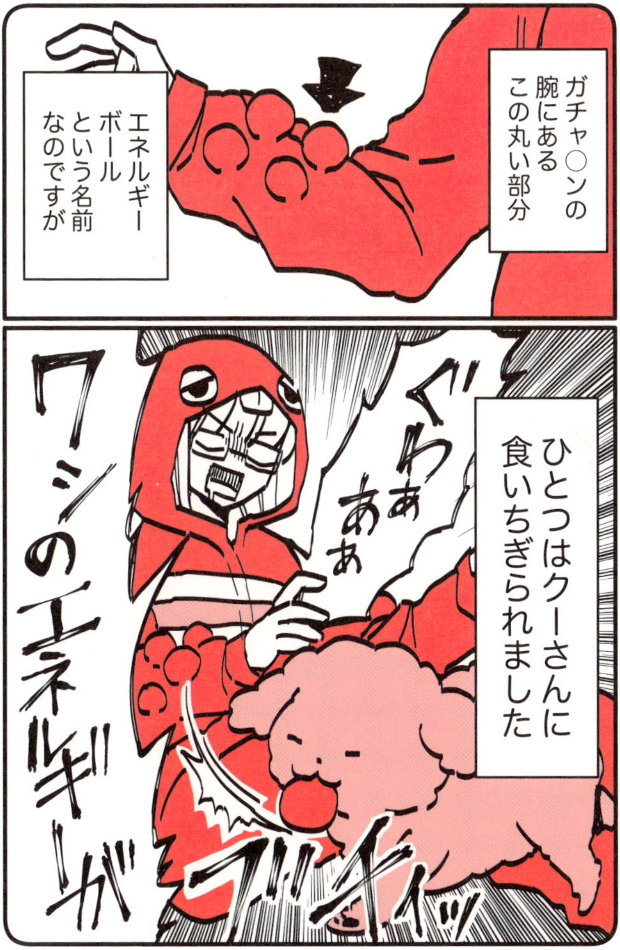
ガチャ○ンの腕にあるこの丸い部分
エネルギーボールという名前なのですが
ひとつはクーさんに食いちぎられました
ぐわあああ
ワシのエネルギーが
ブルイイッ

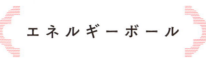

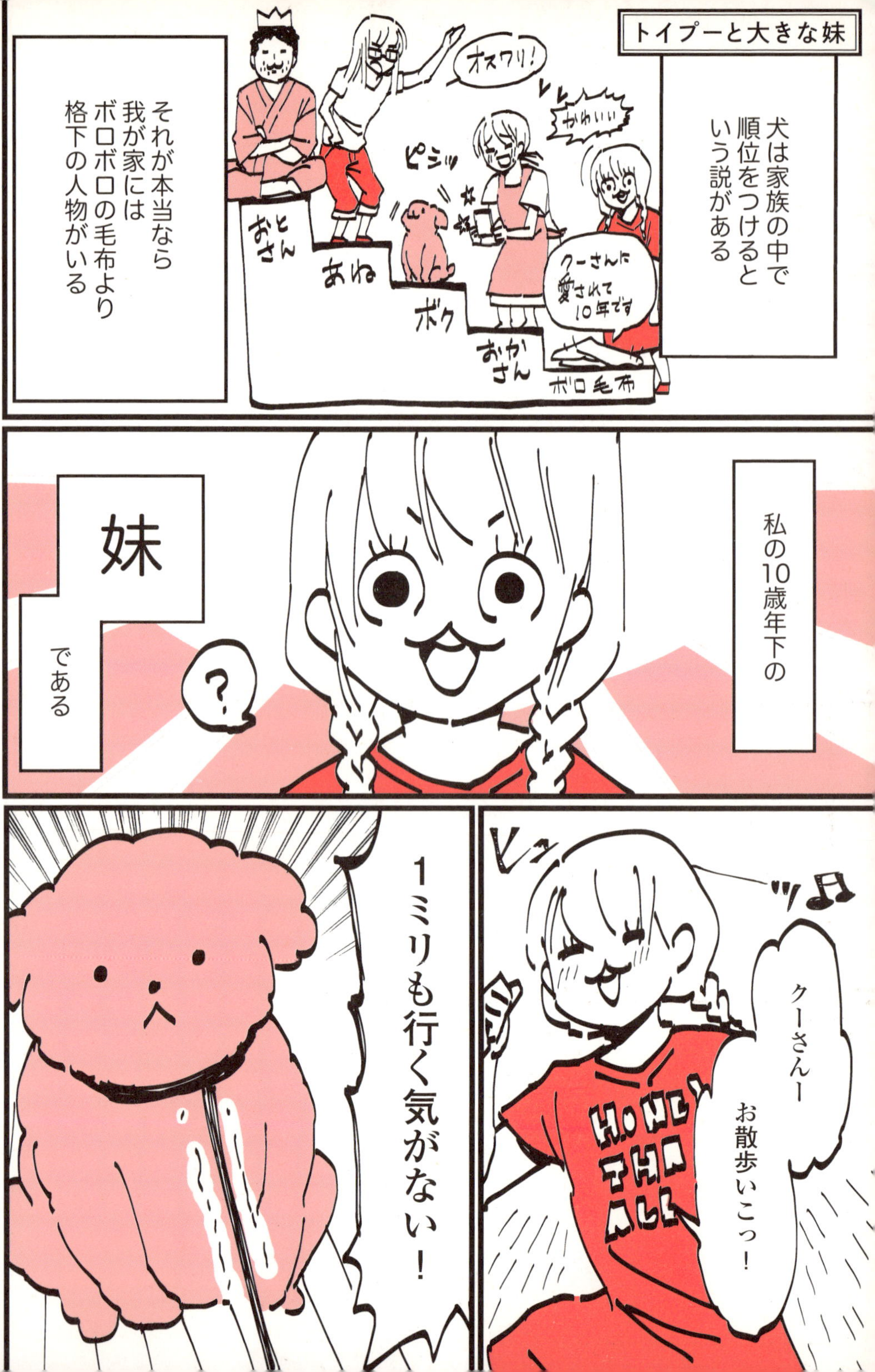

トイプーと大きな妹
犬は家族の中で順位をつけるという説がある
オスワリ!
かわいい
ピシッ
クーさんに愛されて10年です
おとさん
あね
ボク
おかさん
ボロ毛布
それが本当なら我が家にはボロボロの毛布より格下の人物がいる
私の10歳年下の
妹
である
?
クーさんー
お散歩いこっ!
1ミリも行く気がない!

ズック
散歩行くよ
クーさん
あっ
私とは
行かないのに
どうして⁉
ふっ…
お前より信頼されて
いるからだ‼
ドヤァァー
きぃーーーっ
――といじわるな
ことを言ったが
実際はそれ
だけではない
私にとっても
クーさんに
とっても
妹はいつまでも
年下で
守らなくては
ならない
イメージの
ままなのだ

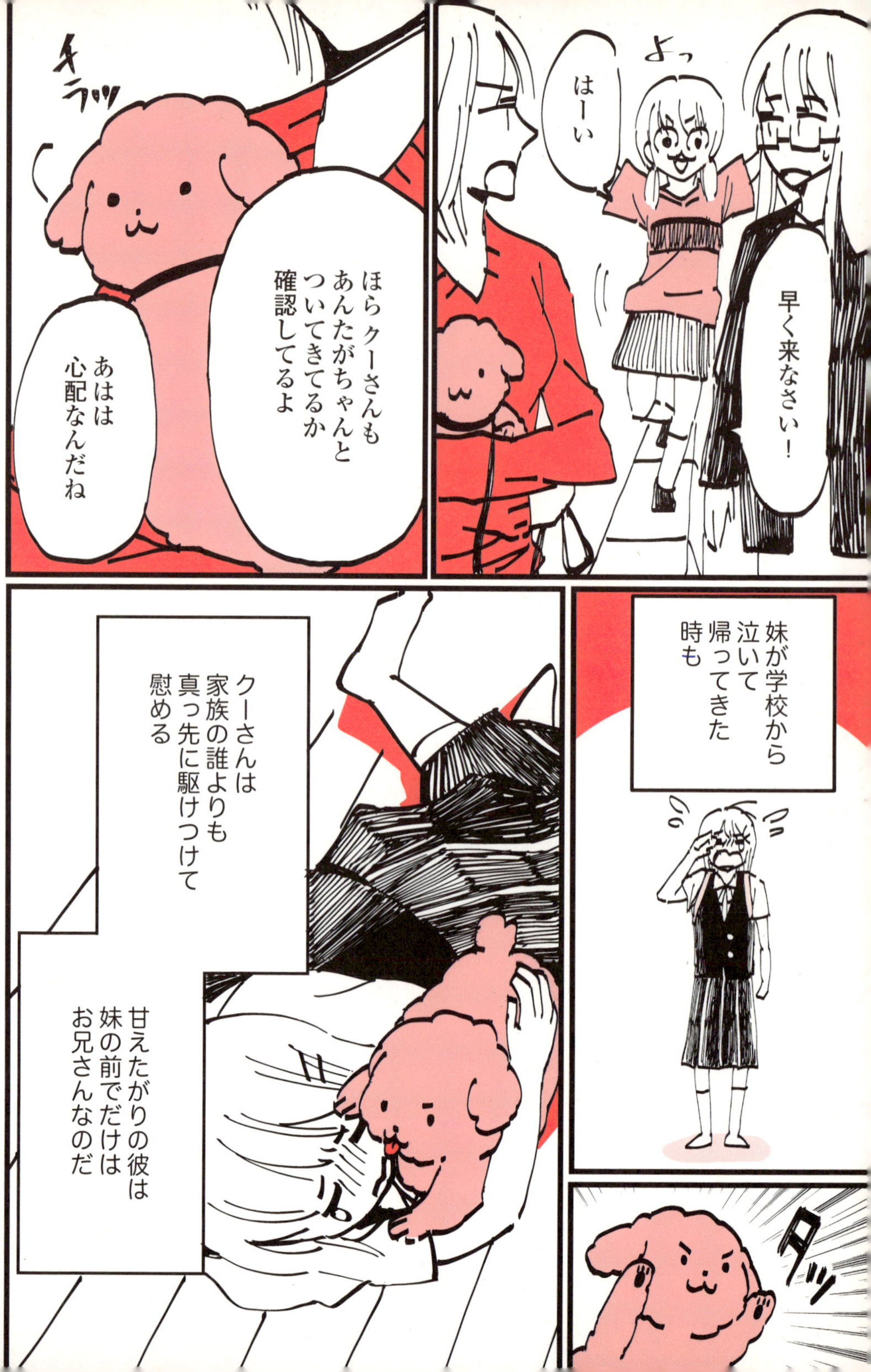
早く来なさい！
はーい
よっ
ほらクーさんも
あんたがちゃんと
ついてきてるか
確認してるよ
あはは
心配なんだね
チラッ
妹が学校から
泣いて
帰ってきた
時も
ダッ
クーさんは
家族の誰よりも
真っ先に駆けつけて
慰める
甘えたがりの彼は
妹の前でだけは
お兄さんなのだ

まあ散歩は頼れる相手と行きたいよな
おかえりー
フキフキ
クー兄さん散歩は行ってくれなくても
私のカイカイは好きでしょ？
……
ふんす
お許しがでたぞ
ゴロン
ありがとうございます！
自分より大きな妹がいて
お客さまかゆいところはありませんか？
そこそこ！
カイカイ
クーさんも大変だ

トイプーの母ロス
クーさんが今より若かった頃
大好きな母が体調を崩して入院した
彼には「入院」なんてわからなかったのだろう
扉が開くのを待つように
昼も夜も玄関から離れなかった

クーさん
お母さんは当分帰ってこられないんだよ
寂しいけど今夜からは私と寝ようね
・・・
おやすみ
次の日
!
クーさん待って…
ワン
わっ!?

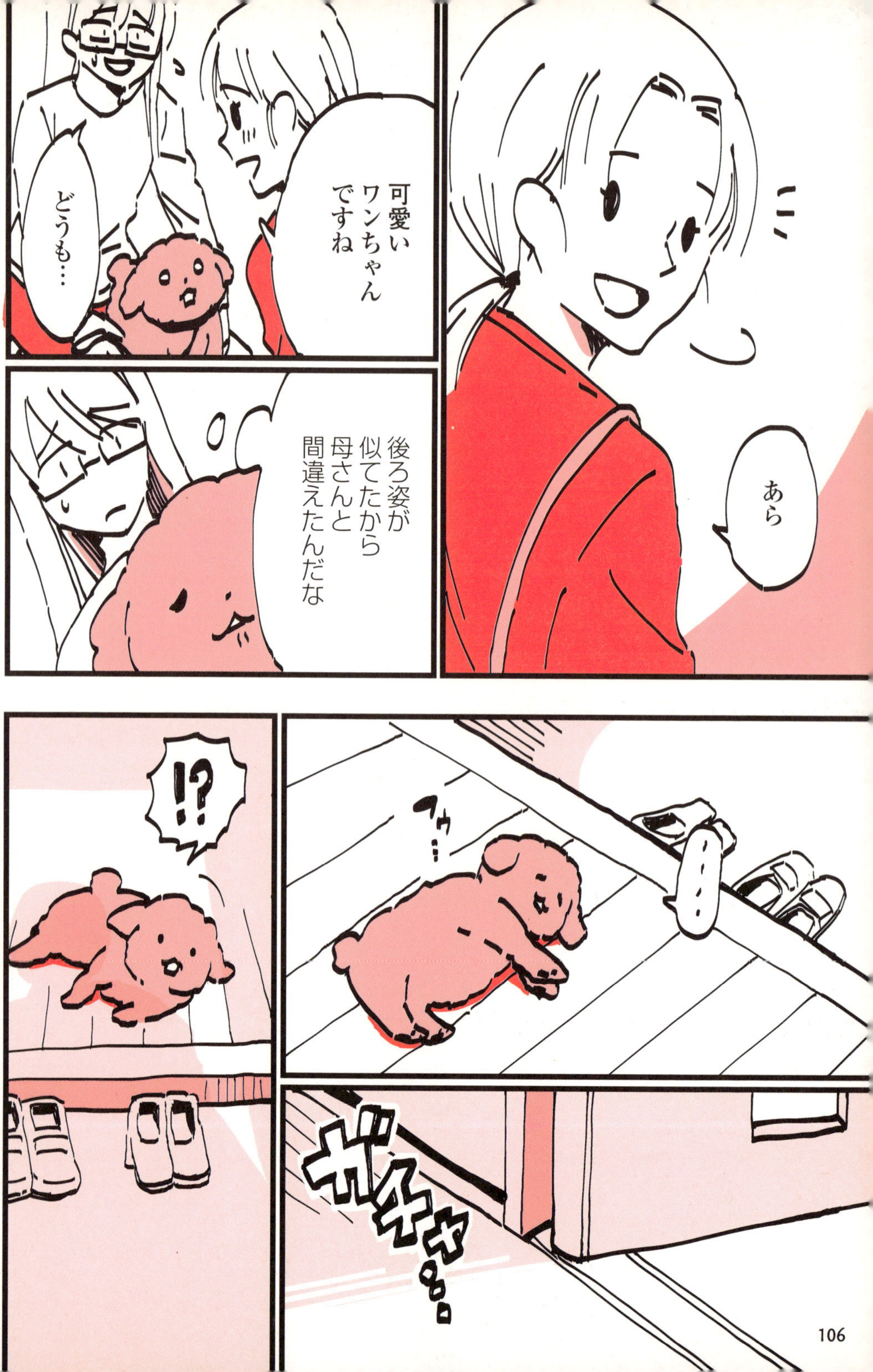

あら
可愛いワンちゃんですね
どうも…
後ろ姿が似てたから母さんと間違えたんだな
フゥ…
…
ガチャ
!?

ただいまー
キュミッ
キュウゥーンッ
「どこに行ってたの!?」とばかりに
ごめんね～
ヒュン ヒャワワン!?
クーさんは母に話しかけては何度も頭をすり寄せていた
寂しかった気持ちを全身で伝えたかったのだろう
今ではもうクーさんはおじいさんになったが
母の前ではあの頃と変わらない甘え方をしている

長男

『トイプーと大きな妹』でクーさんから見た家族のランキングを描いたが
おとうさん
あね
ボク
ピシッ
「大好き度」ではぶっちぎり1位は母である
かわいく描かないと怒られる
クーさんはうちの大事な長男だからねー
キャッッ
キャッッ
産んでないでしょ
…じゃあ私は乳母か
乳もあげてないよね!?

描き下ろし

トイプーとの出会い

toypoo
tono deai

その出会いは
まだ小学生だった妹の
宣言から始まる
といぷーどるを飼う!!
…あ?
飼わないよ
私が動物ダメなの知ってんだろ
やだ
飼う
飼わない
飼う!
ニヒッ

お母さん
こいつがトイプー
飼いたいって
ギャン泣きしてたのは
知ってたけど
実際には
飼わないよね⁉
ペットショップに
連れてかれたら
すごく可愛い子がいてさー
すでにメロメロ！
かうもん
そのつもり
だったんだけど…
絶対
いやだからね！
反対派が
いる限り
この案は可決
されないはずだ
犬反対
数日後
キャンキャン
おのれ賛成《さんせい》派《は》ァア

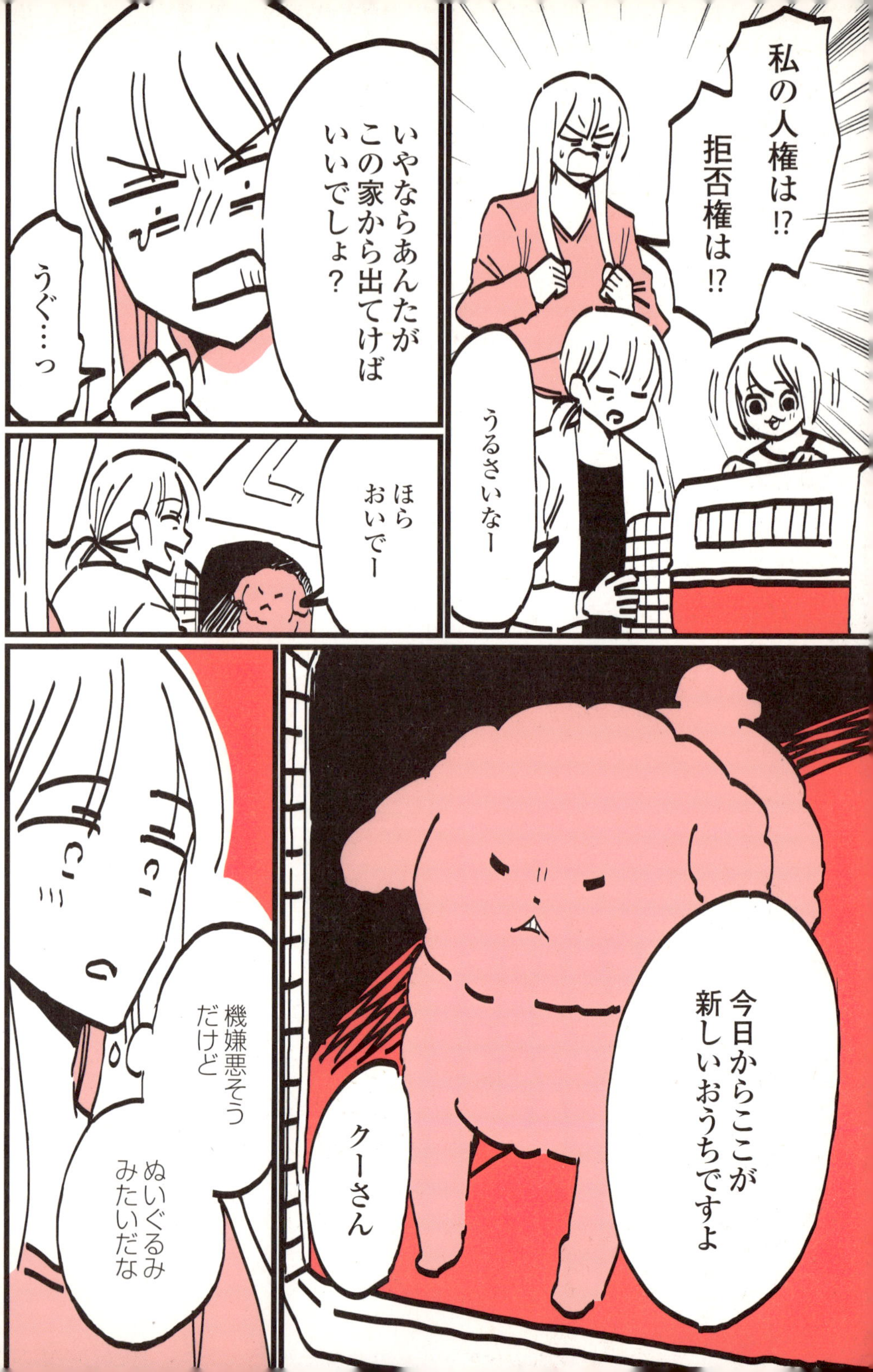
私の人権は⁉
拒否権は⁉
うるさいなー
いやならあんたが
この家から出てけば
いいでしょ？
うぐ…っ
ほら
おいでー
今日からここが
新しいおうちですよ
クーさん
機嫌悪そう
だけど
ぬいぐるみ
みたいだな

ウ
ヒ
かわいいでしょ!?
なでてもいいよ?
ムッ
言っとくけど私は散歩も行かないし
トイレの世話もしないからね!?
あーハイハイ
構いませんよ
このとき私は「自分は関わらなければいいだけだ」
かまれてもいたくないね~
カプ
カプ
かわい~!
そう思っていた
だが…
ギャン
ギャワワ

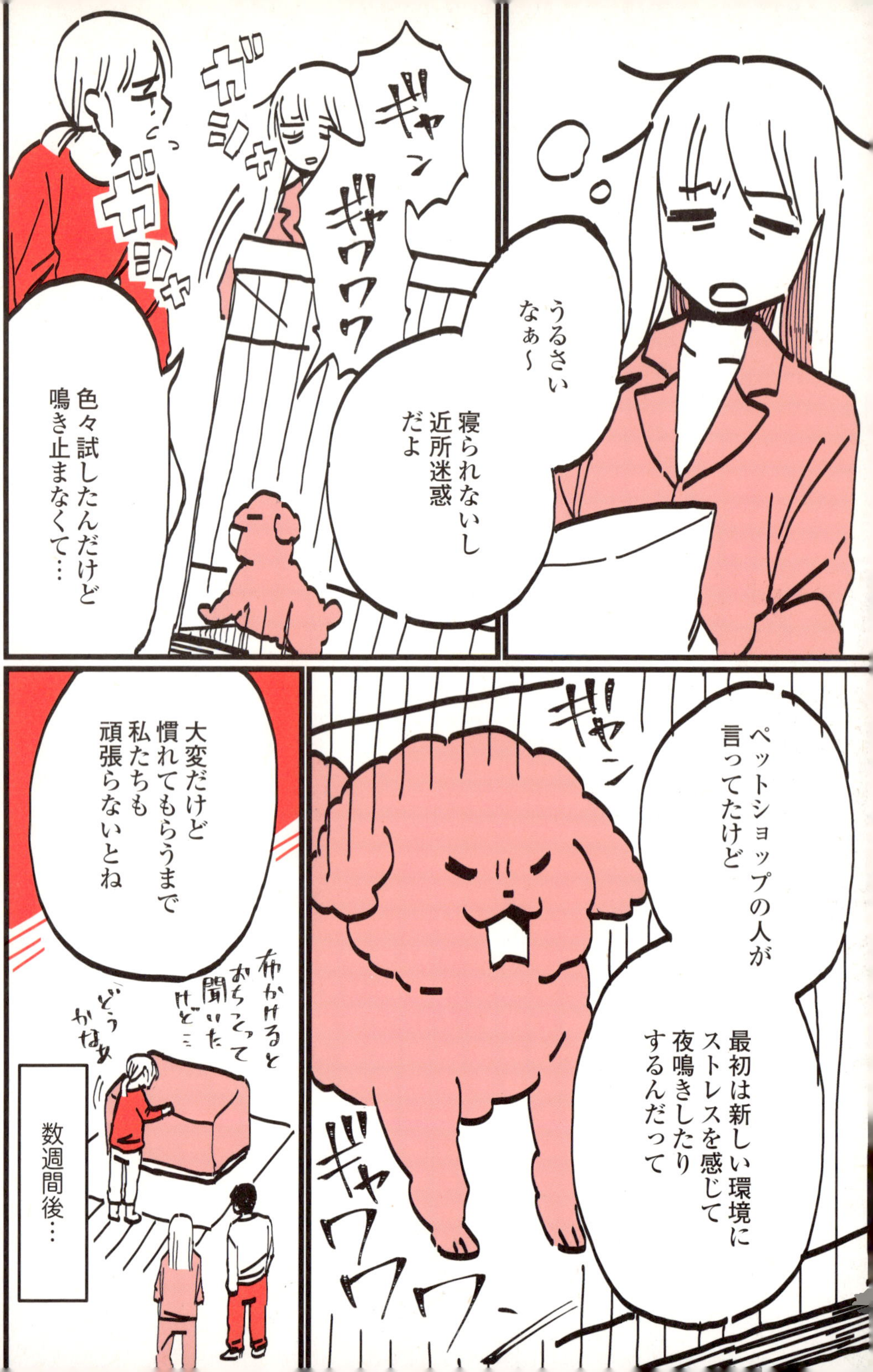

うるさいなぁ～
寝られないし近所迷惑だよ
ギャン
ギャワワワ
ガシャ
ガシャ
色々試したんだけど鳴き止まなくて…
ペットショップの人が言ってたけど
最初は新しい環境にストレスを感じて夜鳴きしたりするんだって
ギャン
ギャワワワー
大変だけど慣れてもらうまで私たちも頑張らないとね
布かけるとおちつくって聞いたけど…
どうかなぁ
数週間後…

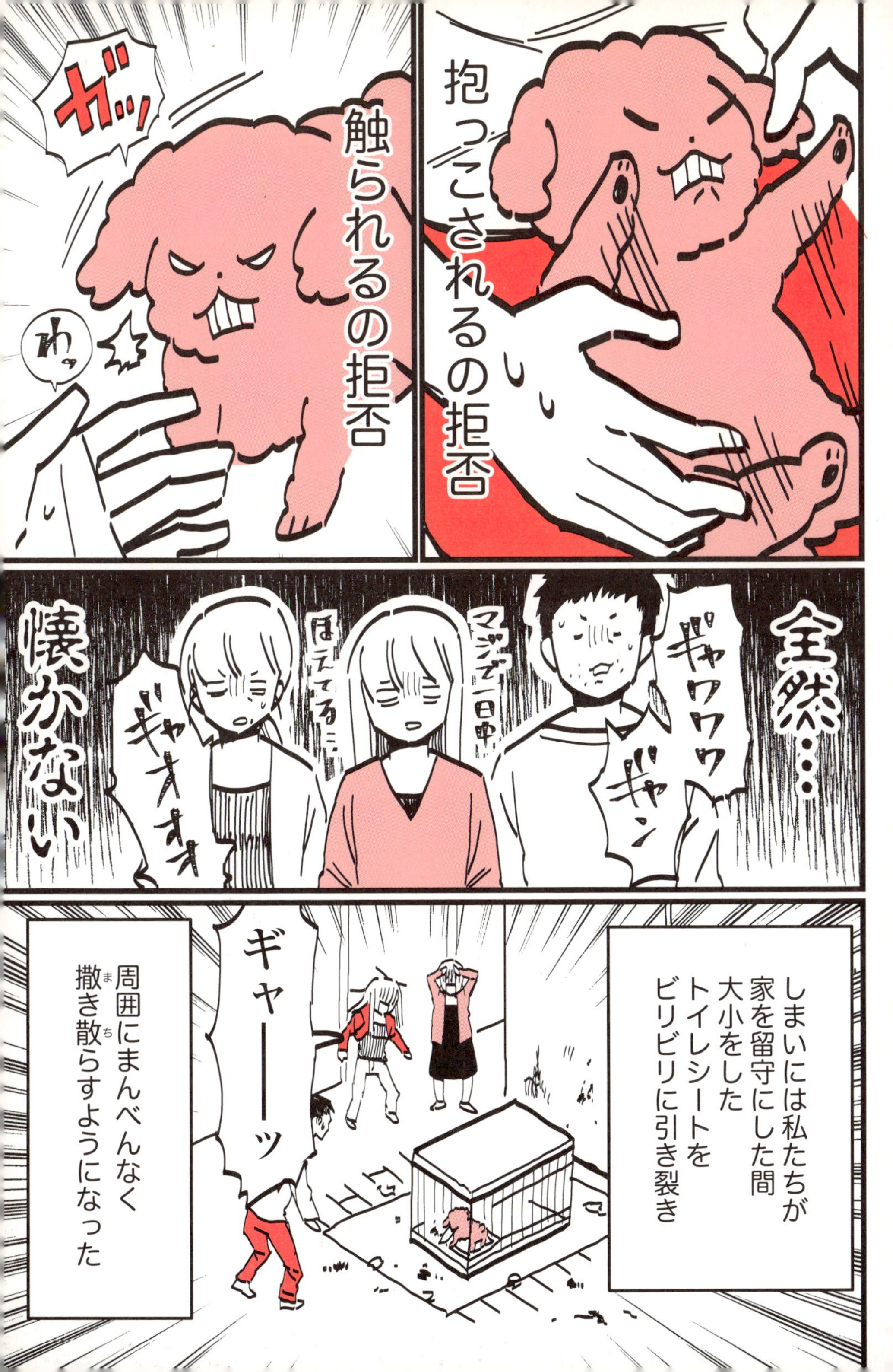
抱っこされるの拒否
ガッ!
触られるの拒否
わっ
全然…
ギャワワワ
ギャン
マジで一日中
ほえてる…
ギャオオオ
懐かない
しまいには私たちが
家を留守にした間
大小をした
トイレシートを
ビリビリに引き裂き
ギャーーーッ
周囲にまんべんなく
撒《ま》き散《ち》らすようになった

もう どうして いいか わからない…
うわあああ
しつけの本
……
両親は日に日にやつれていき
犬を飼うと言いだした妹は
チラ…ッ
…
遊びに行ってきまーす!
待てやこらァアアアア
スタコラーーッ
小学生の「飼いたい」などこのレベルである
グルル..
この家が憎くてたまらないって顔してる
そんなにうちが嫌なら新しい飼い主探してやるよ

カタ
うーん…
カタ
犬 里親
里親 掲示板
犬の里親探しって難しそうだな…
運良く見つかってもあの懐かなさじゃ返されちゃうだろうし…
っつーか学校もバイトも忙しいのになぜ憎い相手のために寝不足にならなきゃいかんのだ？
腹立ってきたわ…
カタカタ
PC
いっそ山奥に置き去りにしてやろうか⁉
親や妹は絶対に反対するだろうが
夜中に誘拐しちまえばこっちのもん…
もはや犯罪計画
キューン
おなかすいたよ！

犬嫌いでも
それだけは絶対に
やっちゃダメだろ…
ゾオオ
想像しただけで
怖ろしくて
泣けてきたわ
水飲んで
冷静になろ…
ガチャッ
うわっ お母さん
何やってんの⁉
夜鳴きがひどいから
一緒に寝てるの
可哀想に…
こんな家に来たく
なかったんだよね？
本当の家族と
ずっと一緒に
いたかったよね
え？

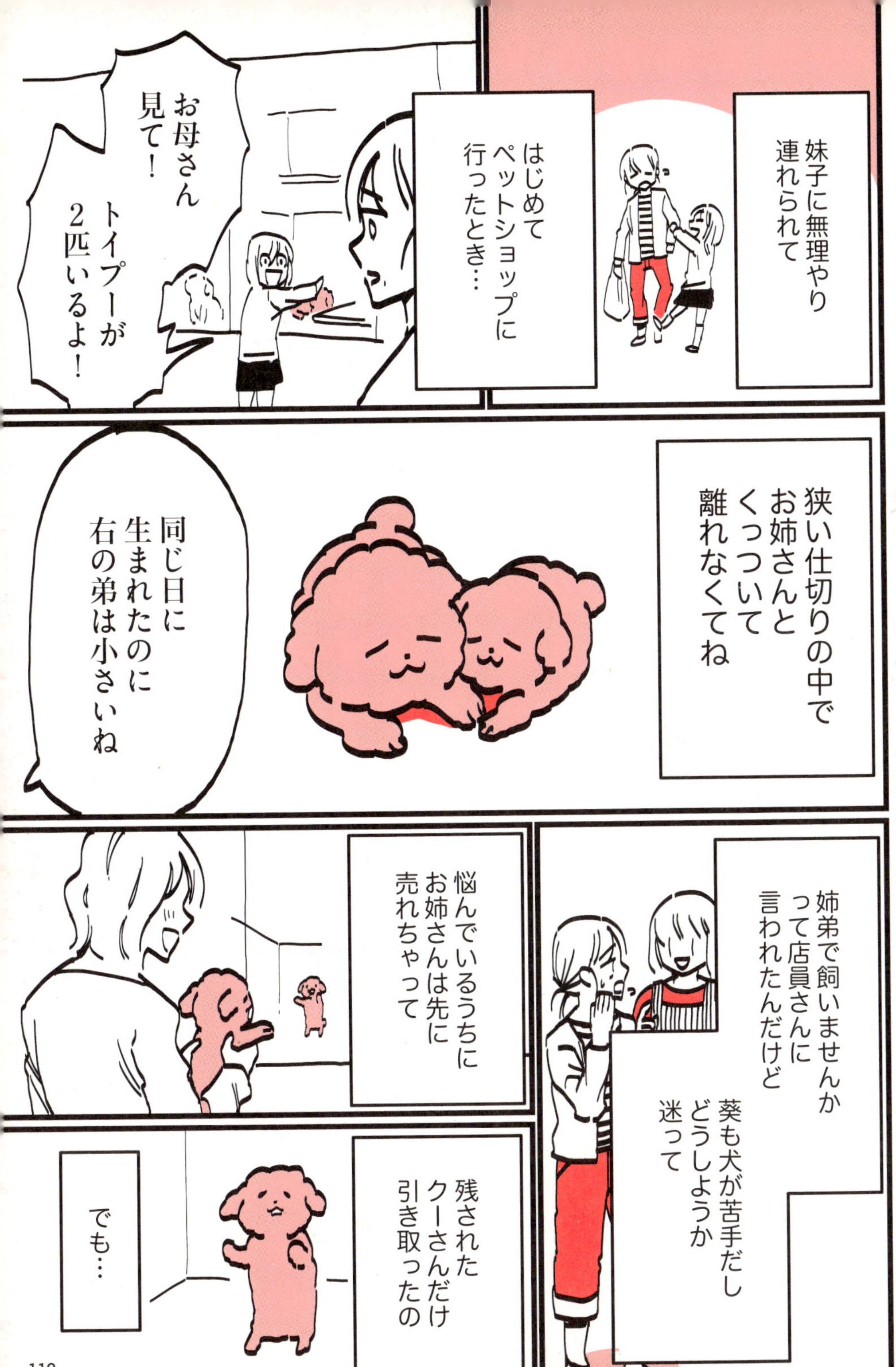
妹子に無理やり連れられて
はじめてペットショップに行ったとき…
お母さん見て！トイプーが2匹いるよ！
狭い仕切りの中でお姉さんとくっついて離れなくてね
同じ日に生まれたのに右の弟は小さいね
姉弟で飼いませんかって店員さんに言われたんだけど
葵も犬が苦手だしどうしようか迷って
悩んでいるうちにお姉さんは先に売れちゃって
残されたクーさんだけ引き取ったの
でも…

こんな寂しい思いをさせるなら
2匹とも迎えいれてあげればよかった
人間の勝手で産まれてきてすぐにペットショップに連れてこられて
家族とも引き離されて
私たち人間のことが嫌いで当然だよ
せめてうちに来てくれた以上は
責任を持って幸せにしてあげないとね
うん…
それからクーさんは母の後ろをついて歩くようになり
遊んでくれる父と妹にも少しずつ心を開いていった
一方私には…
チラ

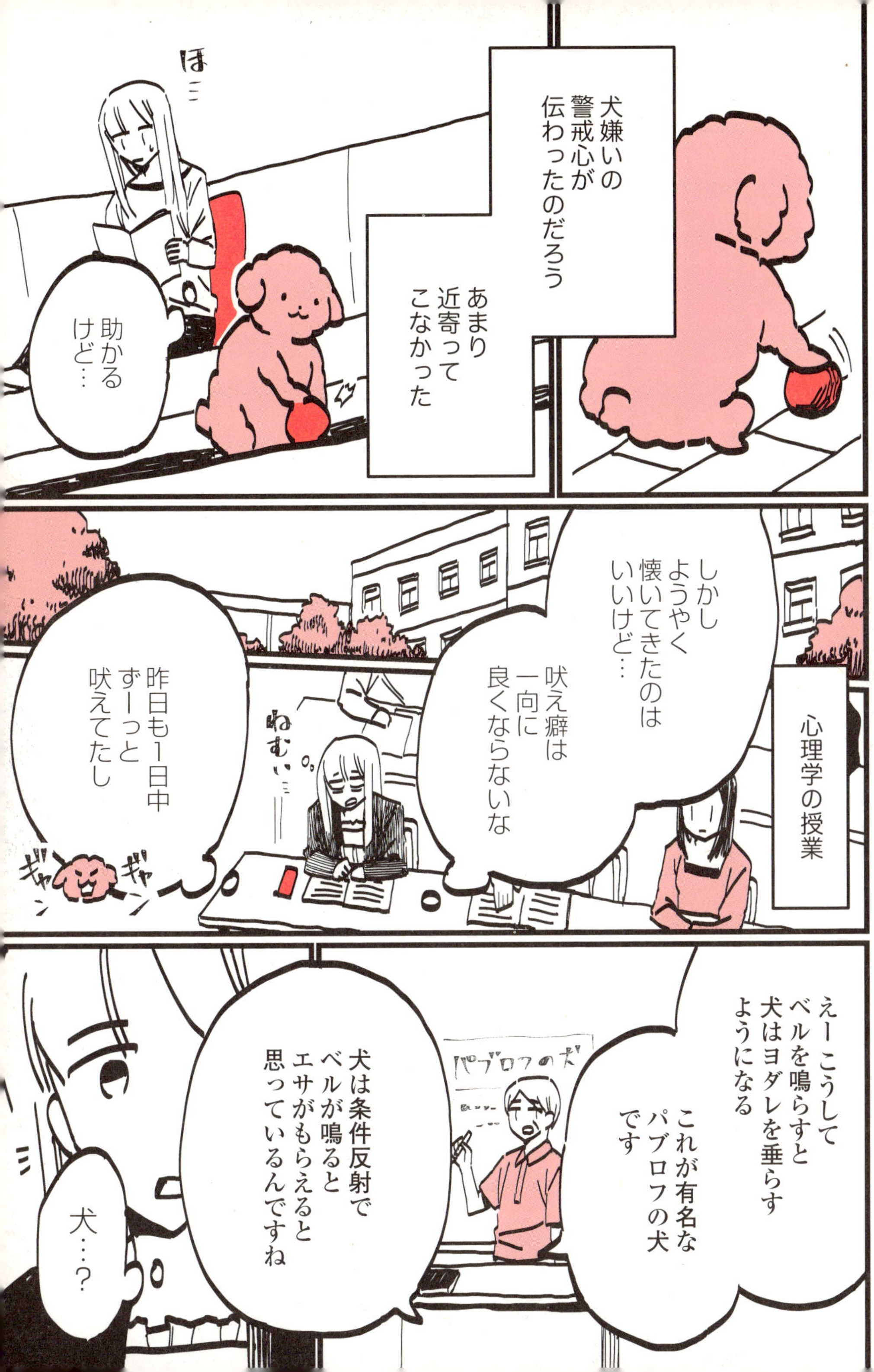
犬嫌いの警戒心が伝わったのだろう
あまり近寄ってこなかった
ほ
助かるけど…
心理学の授業
しかしようやく懐いてきたのはいいけど…
吠え癖は一向に良くならないな
ねむい
昨日も1日中ずーっと吠えてたし
ギャンギャン
えーこうしてベルを鳴らすと犬はヨダレを垂らすようになる
これが有名なパブロフの犬です
犬は条件反射でベルが鳴るとエサがもらえると思っているんですね
犬…？

ニコ
ニコ
うちではゴールデンレトリーバーを飼っているんだけど
僕がおやつの入った棚を開ける度に駆け寄ってきちゃうんだよねー
アハハ…
可愛いけどそんなにおやつをあげられないから困ってねぇ
この先生犬飼ってるんだ
普段はあまり笑わない人なのに
犬の話になるとこんなに嬉しそうに話すんだな…
先生
キーン
コーン…
実はうちでも犬を飼い始めたんですが吠え癖がひどくて…
どうしたらいいでしょうか？
えーそうなの？
もしかして吠えてる時に声をかけてない？
あハイ「いけない」と
悪いことしたらそう言って叱るようにと本に書いてあったので

叱るのも
大事なんだけど
「吠えたら
返事してくれた！」って
エスカレートしちゃう
場合もあるから
ワン
ワン
？
一度鳴き止むまで
そっぽ向いて
黙ってみて下さい
静かになったら
すかさず全力で
褒めてあげてね
大げさな
ぐらい
高い声で
高い声？
なんで？
君だって言葉が通じない
外国人がにこにこして
高い声で話しかけてきたら
好意を感じて
嬉しくなるでしょう？
外国人
ぼくらも
叱られるより
ほめられる
方が相手の
いうこと聞き
たくなるしね
犬も人間と
同じなんですよ

犬も人間と同じ!?
頭をカチ割られたような衝撃だった
それまで私は犬を感情がなく
外国人
話が通じない人間とは別世界の生き物だと思っていた
でも実は話す言葉が違うだけで
外国人
心の感じ方にそれほど差がないのだとしたら…
ありがとうございます!試してみます!
ワンちゃんと仲良くねー
ワンワン
ギャワン
今日も吠えてる…

ギャン
ギャワワ
ギャオ
もー
いけない！
ギャワワワン
ごはん食べたら
遊んであげるから
待っててよ～
返事しちゃ
ダメ！
しっ
ギャン
ギャワーン
ギャウ～
シーン
・・・？
ガチャッ
ビクッ

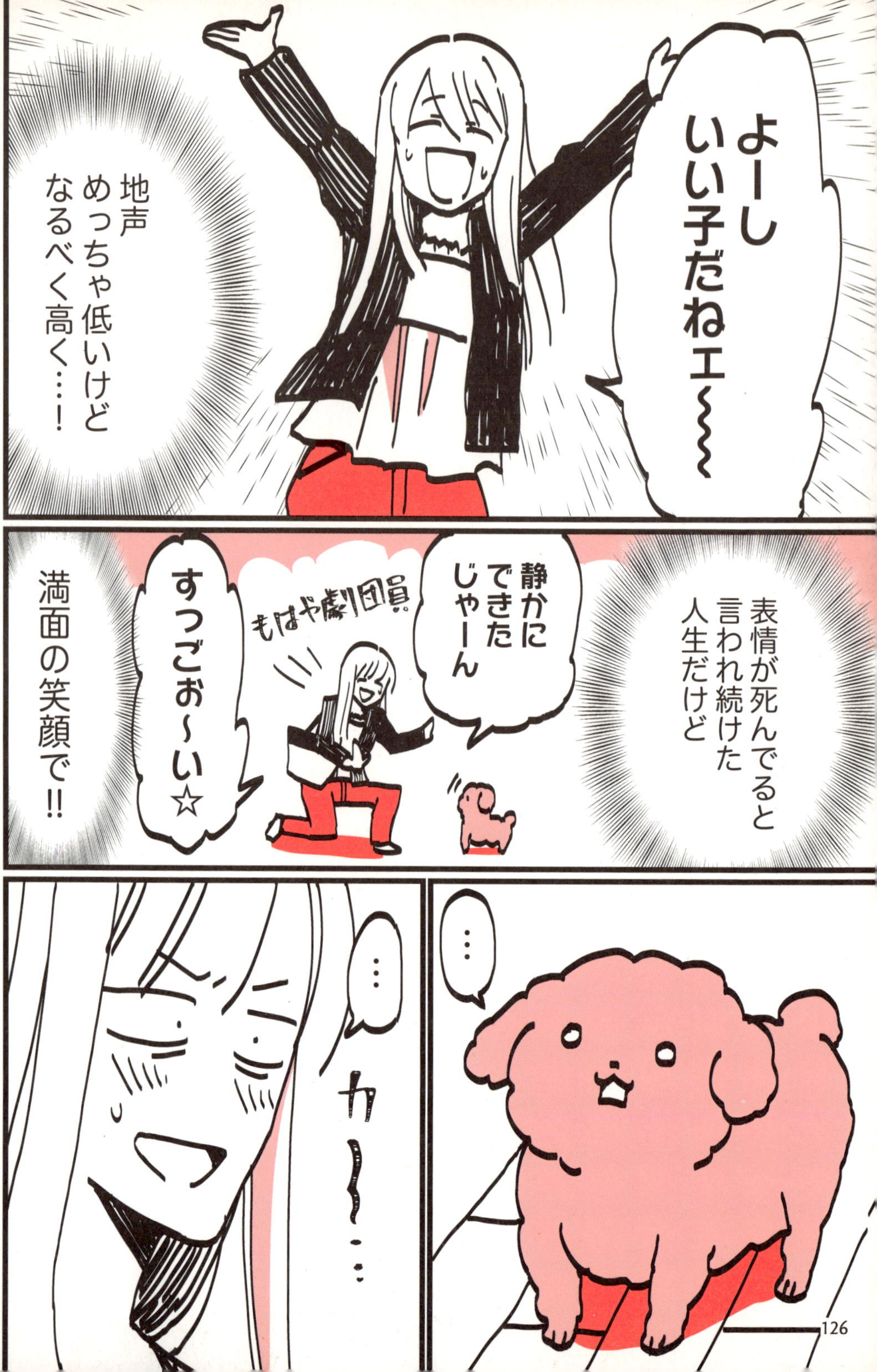
よーし
いい子だねェ〜〜
地声
めっちゃ低いけど
なるべく高く…!
表情が死んでると
言われ続けた
人生だけど
静かに
できた
じゃーん
もはや劇団員。
すっごお〜い☆
満面の笑顔で!!
…
…
カ〜〜…

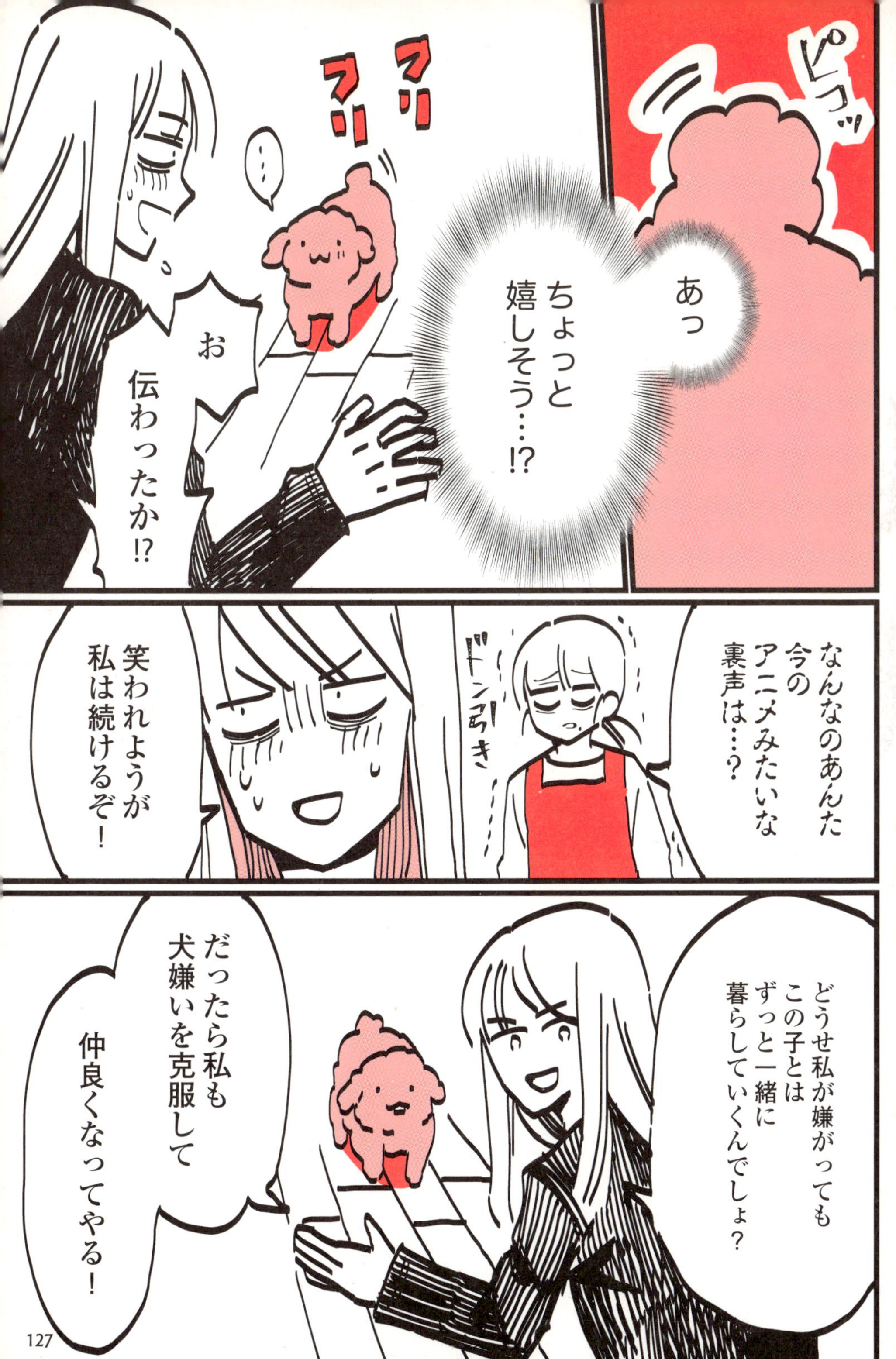
ピコッ
あっ ちょっと嬉しそう…!?
フリフリ
…
お 伝わったか!?
なんなのあんた 今のアニメみたいな裏声は…?
ドン引き
笑われようが私は続けるぞ!
どうせ私が嫌がっても この子とはずっと一緒に暮らしていくんでしょ?
だったら私も犬嫌いを克服して 仲良くなってやる!

それから
吠え癖はおさまり
私は
犬に関する本を
読むようになった
いぬのき○ち
そろ～～
！
カプ
あまがみ
いたっ
えーん
痛いよォ
ギョエエ
やめてよォ
悲しいよォ
めっちゃ噛んでくる
じゃん…
カプ
カプ
♪
カプ
痛がって
噛み癖止めさせる作戦
失敗だわ
ネットのうそつき……
うまくいかないことも
あったけど…

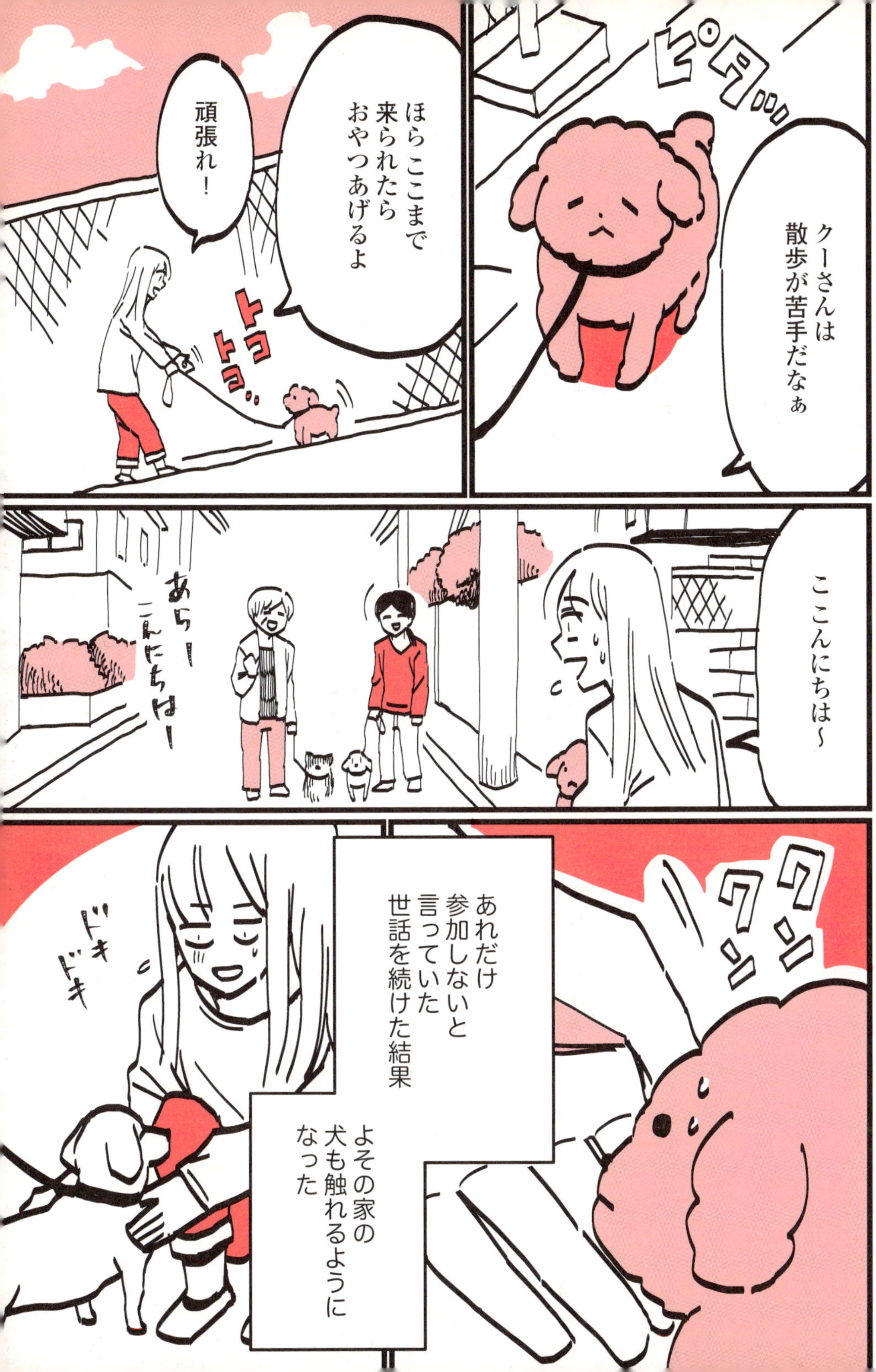
ピタ…
クーさんは散歩が苦手だなぁ
ほらここまで来られたらおやつあげるよ
頑張れ！
トコトコ‥
ここんにちは〜
あら！こんにちは！
ワンワン
あれだけ参加しないと言っていた世話を続けた結果
よその家の犬も触れるようになった
ドキドキ

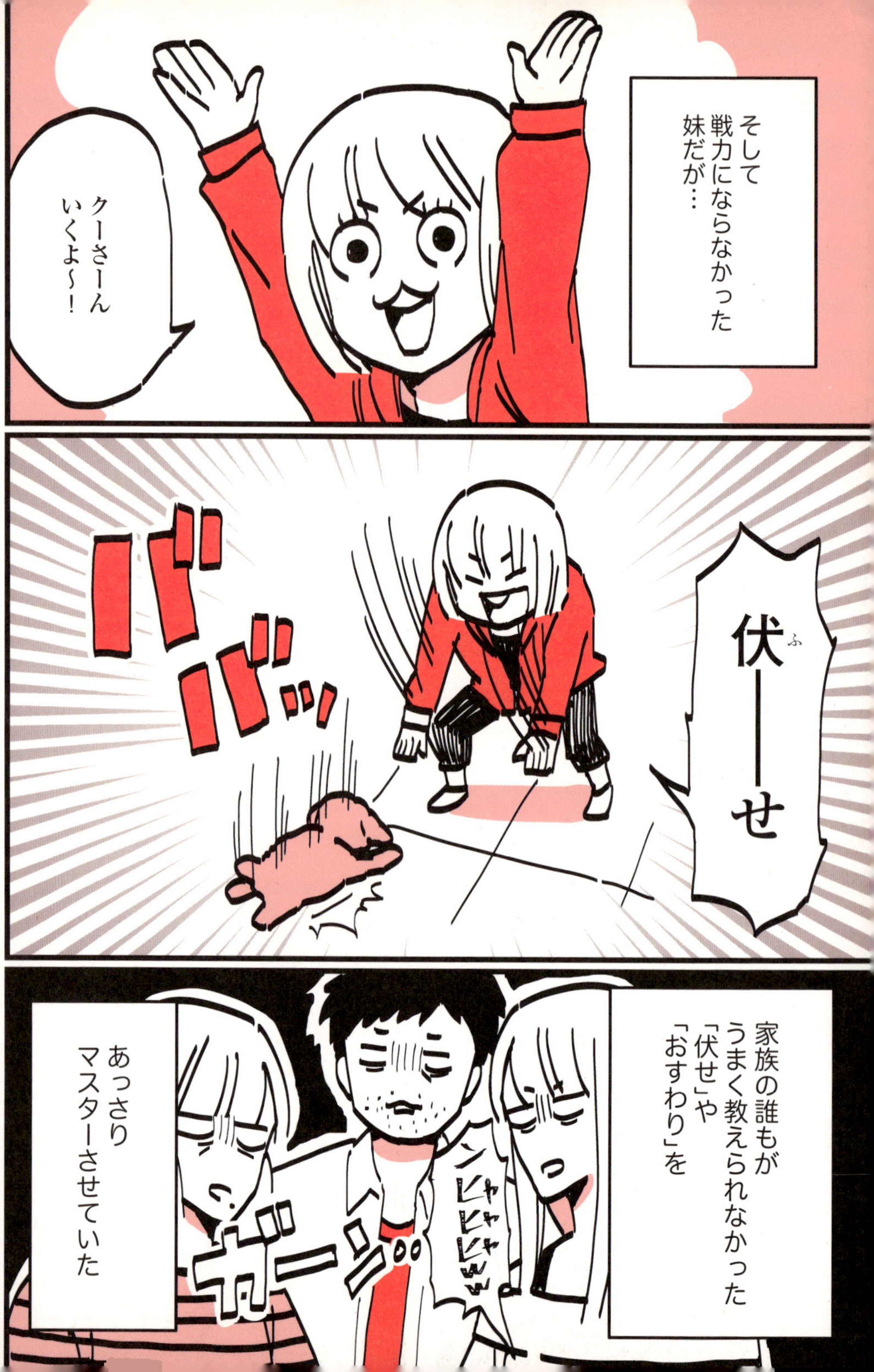
そして戦力にならなかった妹だが…
クーさーん いくよ〜！
伏《ふ》ーーせ
ババッ
家族の誰もがうまく教えられなかった「伏せ」や「おすわり」を
ンヒャヒャヒャww
ガーン
あっさりマスターさせていた

やがて妹は同級生をうちに連れてくるようになり
クーさんは遊んでくれる子どもが大好きになっていった
さあ旅行に行くぞー
忘れ物はないかな？
あれ？慌ててる
おいてかれると思ってるんだよ
クーさんも一緒に行くんだよ？

おいで！
パァッ
あはは笑ってるよー
それから12年間

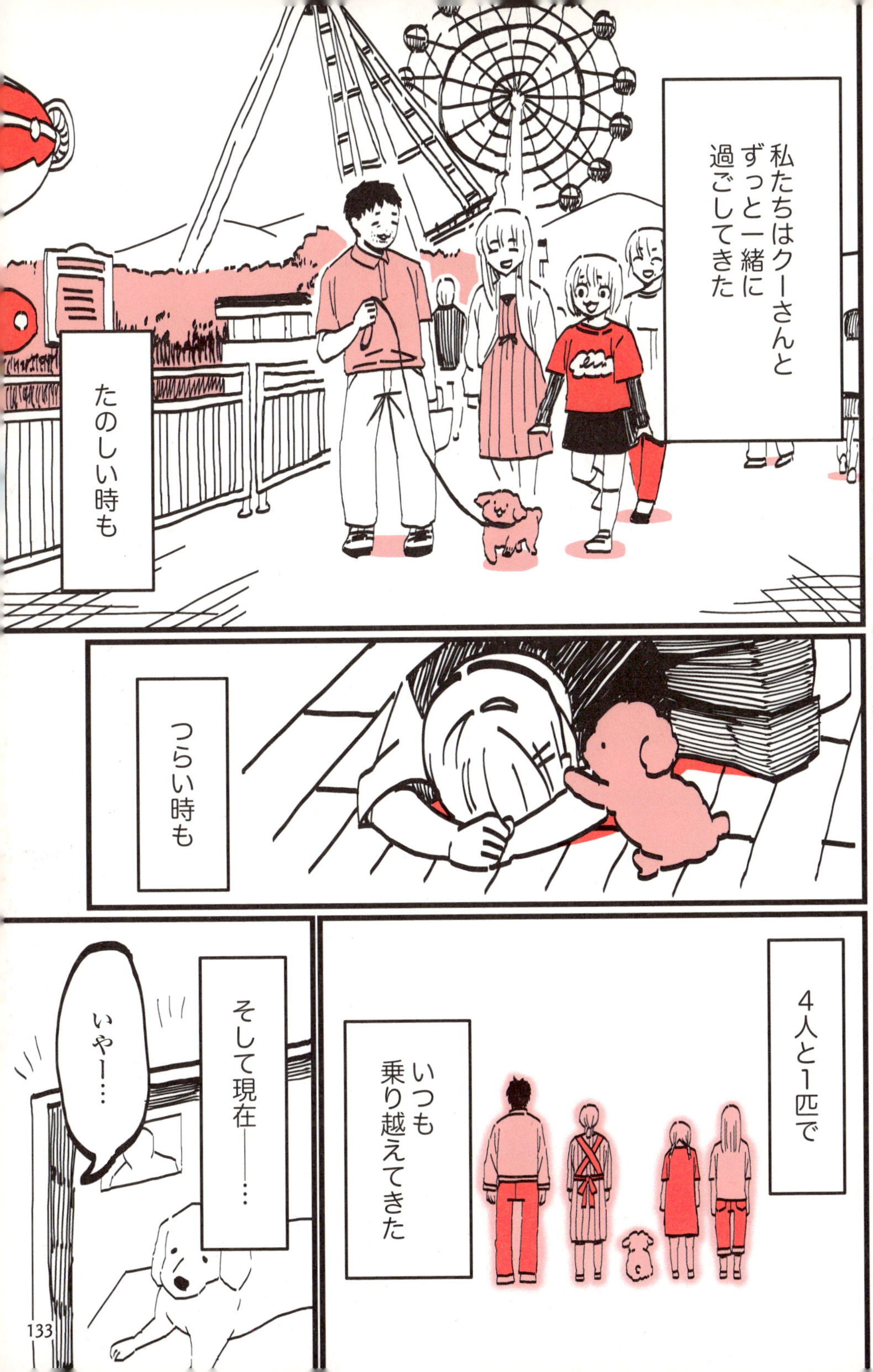
私たちはクーさんと
ずっと一緒に
過ごしてきた
たのしい時も
つらい時も
4人と1匹で
いつも
乗り越えてきた
そして現在——……
いやー…

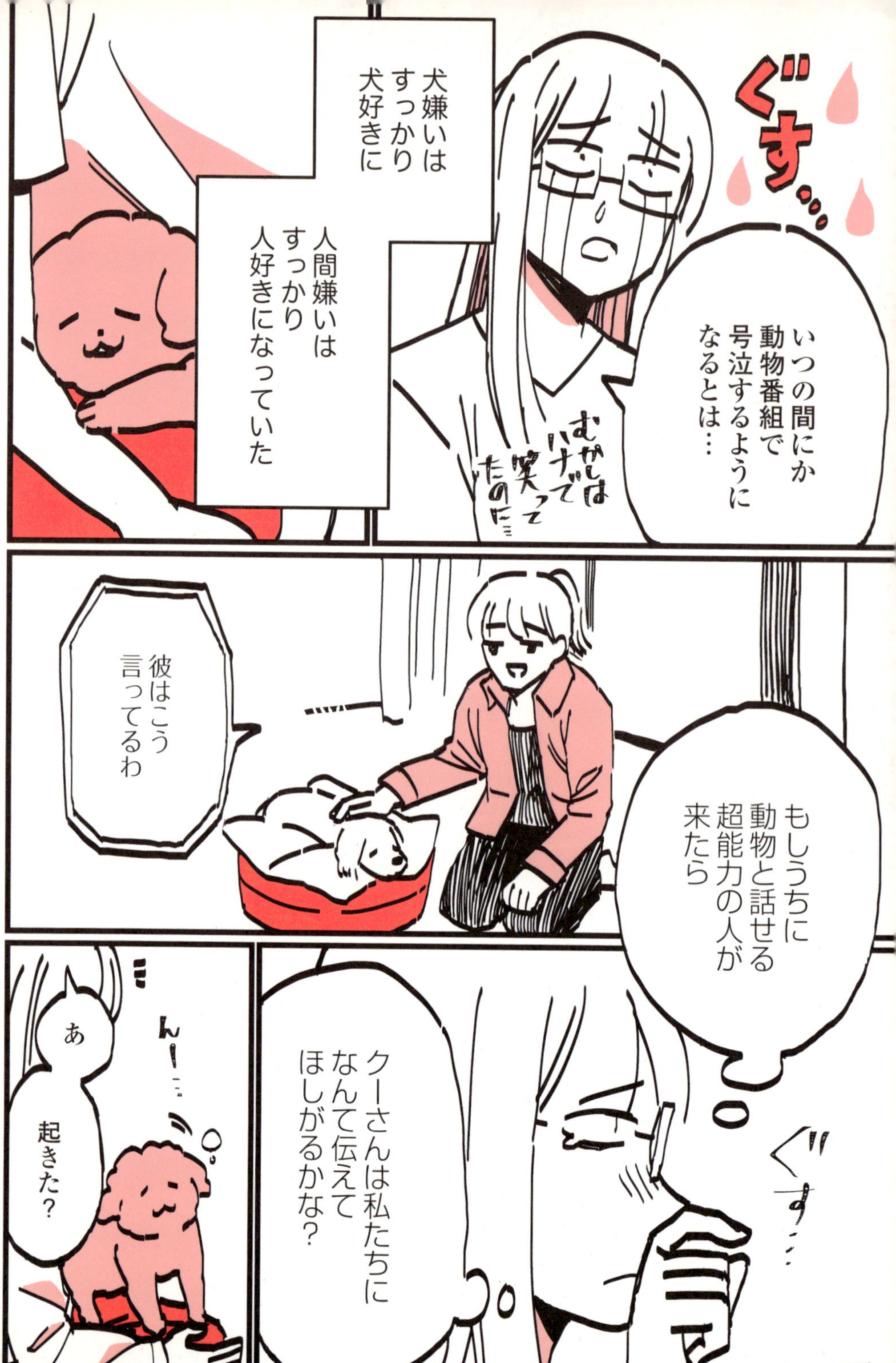
ぐす…
いつの間にか動物番組で号泣するようになるとは…
むかしはハナで笑ってたのに…
犬嫌いはすっかり犬好きに
人間嫌いはすっかり人好きになっていた
もしうちに動物と話せる超能力の人が来たら
彼はこう言ってるわ
ぐす…
クーさんは私たちになんて伝えてほしがるかな？
んー…
あ
起きた？

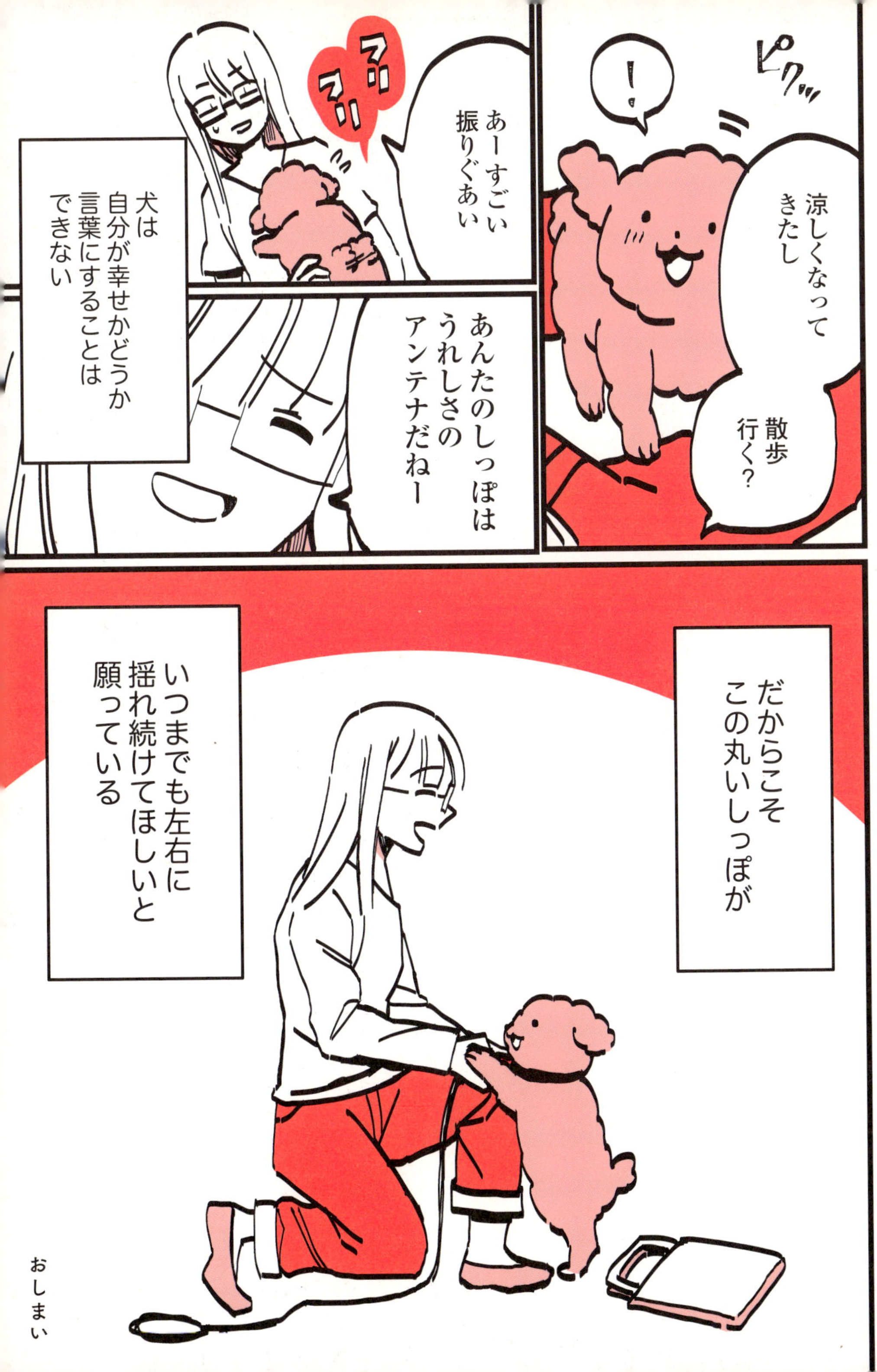
ピクッ
！
涼しくなってきたし
散歩行く？
フリ フリ
あーすごい振りぐあい
あんたのしっぽはうれしさのアンテナだねー
犬は自分が幸せかどうか言葉にすることはできない
だからこそこの丸いしっぽが
いつまでも左右に揺れ続けてほしいと願っている

おしまい

エピローグ
我が家は12年間チャレンジしていることがある
ミルクボーロ
いくよ…
ス…
クーさん
きっかけは12年前
どっちの手ーに
入ってるか？
何してんの？

クーさん ほら
ピクッ
どっちの手ーに 入ってるか？
外してんじゃん
犬の嗅覚とは…？
こっちでした！
いーんだよ 外してても
シャク
見てみなよ このしっぽ
遊んでもらってるって わかっているんだよ
賢いねぇ

そう クーさんは
これをゲームと
理解はしている
ようだ
問題は
おやつを当てられるか
どうだが…
12年間の
勝負の結果
勝率は2割以下
初手は圧倒的に
左手を選びがち
ゆえにおやつは
右手に仕込んだ
果たして今日は
当てられるか…!?
どっちの
手ーに
入ってるか⁉

！
チラッ…
右手を見た！
いっけぇ
え
え
ありがとうございました！
パシィイ
明日のテストもお待ちしております――…！

afterword・あとがき・

『うちのトイプーがアイドルすぎる。』をお買い上げいただきありがとうございます！
ベタなあとがきポーズをキメる
一冊の本になったのも応援してくださった皆さんのおかげです
なんの気なしに仕事の合間に描いてツイッターに上げたらくがき漫画の反響が大きく
はっ
すみません先輩！水がもうなかったですね!?
おやつ買ってきたよ
あ 笑った
ダダダダ
違う！着替えたのはコンビニに行くためであって・・・！
サボりぃ
猫派が増えている一方で犬好きの方もたくさんいるのだと痛感しました
あれだけ動物が苦手だったのに将来は犬のエッセイ描いてるよって
ん？
子どもの頃の自分に教えてやりたいです

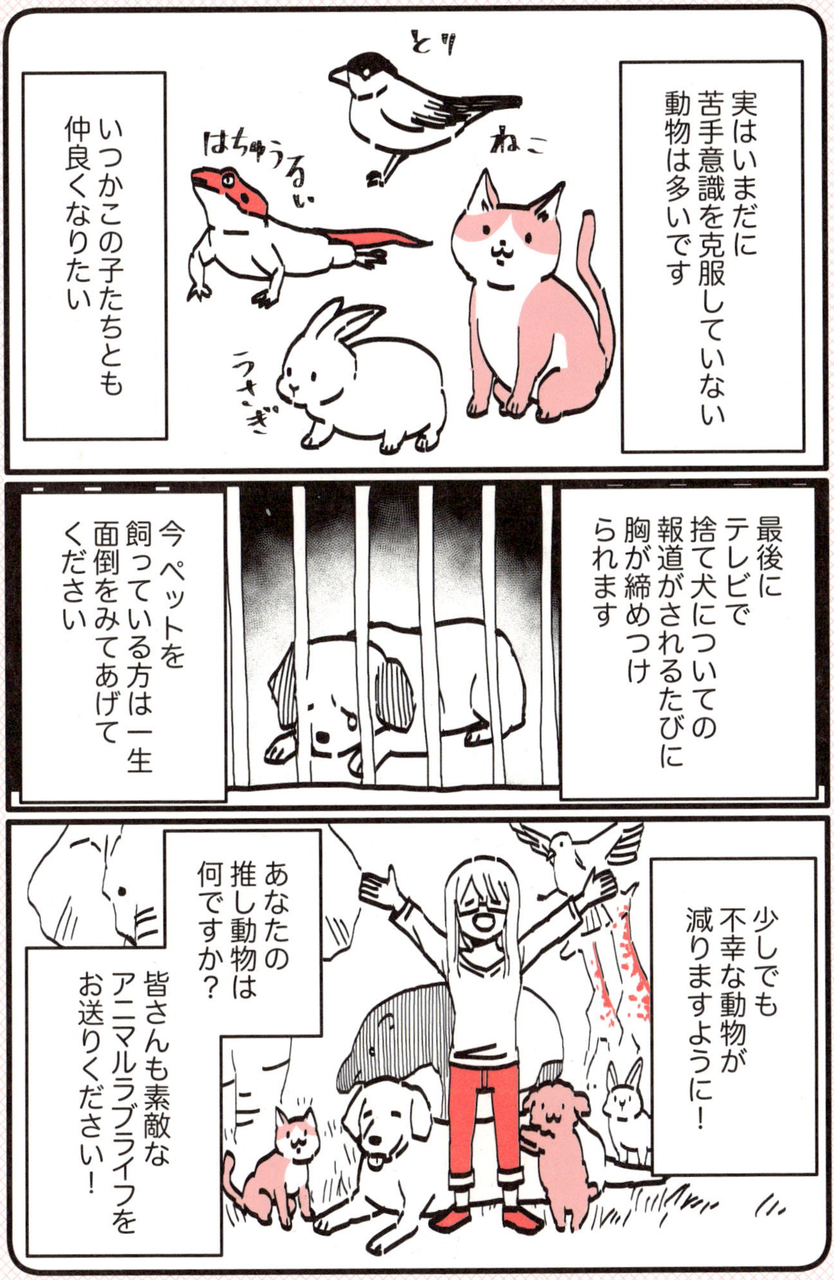
実はいまだに苦手意識を克服していない動物は多いです
とり
ねこ
はちゅうるい
うさぎ
いつかこの子たちとも仲良くなりたい
最後にテレビで捨て犬についての報道がされるたびに胸が締めつけられます
今ペットを飼っている方は一生面倒をみてあげてください
少しでも不幸な動物が減りますように！
あなたの推し動物は何ですか？
皆さんも素敵なアニマルライフをお送りください！

今ならわかる

12年前の講義中
うちではゴールデンレトリーバー飼ってるんだけど
パブロフの犬
おやつが入ってる棚を開ける度に駆け寄ってきちゃうんだよねー
可愛いけどそんなにおやつあげられないから困って
あははは
ふーんそんなもんか?
現在
おやつの入った棚
めっちゃ
わかる

ピクシブエッセイ
pixiv × essay

うちのトイプーがアイドルすぎる。

2018年11月16日　初版発行
2019年 1月25日　4版発行

著者　道《みち》雪《ゆき》 葵《あおい》

発行者　川金正法

発行　株式会社KADOKAWA
〒102-8177　東京都千代田区富士見2-13-3
電話 0570-002-301（ナビダイヤル）

印刷所　図書印刷株式会社

KADOKAWAカスタマーサポート
[電話]0570-002-301（土日祝日を除く11時～13時、14時～17時）
[WEB]https://www.kadokawa.co.jp/（「お問い合わせ」へお進みください）
※製造不良品につきましては上記窓口にて承ります。
※記述・収録内容を超えるご質問にはお答えできない場合があります。
※サポートは日本国内に限らせていただきます。

定価はカバーに表示してあります。

ISBN 978-4-04-065091-3　C0095

本書は、「ピクシブエッセイ」にて2018年6月～2018年11月に
連載されたエピソードを修正し、大幅な描き下ろしを加えたものです。

[Staff]

装丁　金子歩未（hive）
DTP　小川卓也（木蔭屋）
校正　齋木恵津子
編集担当　佐藤杏子
編集長　松田紀子

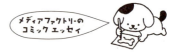

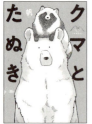

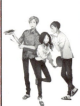

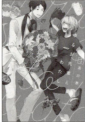

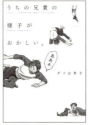